少年知本家
身边的科学
SHAONIAN ZHIBENJIA SHENBIAN DE KEXUE

气象的秘密

胡 郁◎主编

时代出版传媒股份有限公司
安徽美绘出版社
全国百佳图书出版单位

图书在版编目（CIP）数据

气象的秘密/胡郁主编 . —合肥：安徽美术出版社，
2013.3（2021.11 重印）（少年知本家 . 身边的科学）
ISBN 978 - 7 - 5398 - 4254 - 7

Ⅰ.①气… Ⅱ.①胡… Ⅲ.①气象 - 青年读物②气象 -
少年读物 Ⅳ.①P4 - 49

中国版本图书馆 CIP 数据核字（2013）第 044187 号

少年知本家·身边的科学
气象的秘密

胡郁 主编

出 版 人：王训海
责任编辑：张婷婷
责任校对：倪雯莹
封面设计：三棵树设计工作组
版式设计：李　超
责任印制：缪振光
出版发行：时代出版传媒股份有限公司
　　　　　安徽美术出版社（http://www.ahmscbs.com）
地　　址：合肥市政务文化新区翡翠路 1118 号出版传媒广场 14 层
邮　　编：230071
销售热线：0551-63533604　0551-63533690
印　　制：河北省三河市人民印务有限公司
开　　本：787mm×1092mm　1/16　印 张：14
版　　次：2013 年 4 月第 1 版　2021 年 11 月第 3 次印刷
书　　号：ISBN 978 - 7 - 5398 - 4254 - 7
定　　价：42.00 元

气象学是研究云、雾、雨、雪、冰雹、雷电、台风、寒潮等天气现象的学科。

气象对人们的生产生活有着广泛的影响：农作物生长在大自然中，无时无刻不受气象条件的影响；飞机的起飞和着陆，或是在高空的飞行都受到气象条件的制约。气象对工业生产的影响更是广泛，无论是厂址的选择、厂房的设计，还是原料储存、制造、产品保管和运输等环节，都受温度、湿度、降水、风等气象条件的影响。

由此可见，气象和人们的生活息息相关。人们了解了气象的重要性，并诞生了气象学这门学科，科学家们对大气层内各层大气运动的规律、对流层内发生的天气现象和地面上旱涝冷暖的分布等进行逐项研究。为此，还把每年的3月23日确定为国际气象日。

本书将为读者朋友系统地讲述气象知识，让大家对气象有全新的认识。希望读者朋友通过阅读本书，能对气象形成一个系统的认识，了解它、掌握它、使用它，让它为人类的生产、生活服务。

CONTENTS

目录

气象的秘密

附　录

天气现象

天气现象是指发生在大气中、地面上的一些物理现象。包括降水现象、地面凝结现象、视程障碍现象、雷电现象和其他现象等。云、雾、雨、雪、雷、风、霜、虹等，都属于天气现象的范畴。

这些常见的天气现象时时刻刻地影响着我们的生活。及时预测天气现象，能为人们的生产生活带来极大的便利。

为此，人类发明了天气预报，并把天气预报搬上荧屏，每天向人们报告预测的天气结果，极大地便利了人们的生产与生活。

云

人们常常看到天空中有时碧空无云，有时白云朵朵，又有时乌云密布。为什么天空中有时有云，有时又没有云呢？云是怎么形成的呢？云是由什么组成的呢？

◎ 云的形成

天空中的云是由许多细小的水滴或者冰晶组成的，也有的是由小水滴或者小冰晶混合在一起组成的，有时也包含一些较大的雨滴及冰雪粒。云的底部不接触地面，并有一定的高度。云的形成主要是由水汽凝结而成的。从地面向上十几千米的大气中，越靠近地面，温度越高，空气也越稠密，水汽越多。江河湖海的水面以及土壤和动植物的水分，随时蒸发到空气中变成水汽。水汽进入大气之后，成云致雨，或凝聚为霜、露，然后又返回到地面，渗入土壤或流入江海湖泊。以后又再蒸发（升华），再凝结（凝华）下降。周而复始，循环不已。

水汽从蒸发表面进入低层大气后，由于气温高，所容纳的水汽较多，如果这些湿热的空气被抬升，温度就会逐渐降低，到了一定高度，空气中的水汽就会达到饱和。如果空气继续抬升，多余的水汽就会凝结成小水滴，如果温度低于0℃，则多余的水汽就凝结成小冰晶。在这些小水滴和小冰晶逐渐增多并达到人眼能辨认的程度时，就是云了。

◎ 云的分类

天上的云总是形态各异，千变万化的，你知道为什么会这样吗？

　　云主要是由于空气上升冷却而形成的，这是云形成的共性。但是水汽凝结或凝华过程中有不同的特点，因而形成了不同的形状，这是不同形状的云形成的个性。

　　根据形成云的上升气流的特点，云可以分为对流云、层状云和波状云三大类。

　　对流云包括淡积云、浓积云、秃积云和鬃积云，卷云也属于对流云；层状云包括卷层云、高层云、雨层云和层云；波状云包括层积云、高积云、卷积云。

　　根据云的高度，云可以分为高云、中云、低云三大类。

　　高云包括卷云、卷层云、卷积云三类，全部由小冰晶组成，云底高度通常在 5000 米以上。高云一般不会下雨，但冬季北方的卷层云偶尔会带来降雪。

　　中云包括高层云、高积云两类。多由水滴、过冷水滴和冰晶混合组成，云层高度通常在 2500 ～ 5000 米。高层云常有雨、雪产生，但薄的高积云一般不会下雨。

　　低云包括层积云、层云、雨层云、积云、积雨云五类，其中前三类由水滴组成，云底高度通常在 2500 米以下。大部分低云都可能下雨，雨层云还常有连续性雨雪。而积云、积雨云由水滴、过冷水滴、冰晶混合组成，云底高度一般也在 2500 米以下，但是云顶很高。积雨云常有雷阵雨，有时伴有狂风、冰雹。

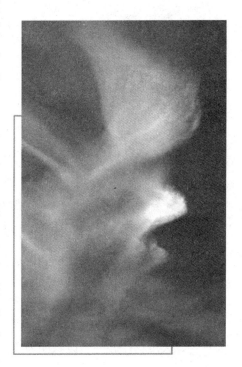

卷　云

◎ 云的影响

有些人会有这样的经验：天空云量增加，云层降低，天气可能会转坏；相反，云量减少，云层升高可能是天气好转的预兆。天上那些姿态万千的云又预示着会发生什么样的天气过程呢？长期的观测和实践表明：云的产生和消散以及各类云之间的演变和转化，都是在一定的水汽条件和大气运动的条件下进行的。人们看不见水汽，也看不见大气运动，而水汽和大气运动对雨、雪、冰雹等天气现象起到十分重要的作用。

另外，有天气预兆的云在演变过程中，往往具有一定的连续性、季节性和地方性。当天空的云按照卷云、卷层云、高层云、雨层云这样的次序从远处连续移动过来，而且由少变多，由高变低，由薄变厚的时候，就预示着很快就会有阴雨天气到来。相反，如果云由低变高、由厚变薄、由成层而崩裂为零散状的云时，就不会有阴雨天气。在暖季的早晨，天空如果出现底平、顶凸、孤立

你知道吗

卷 云

卷云属于高云。它有时产生在能生成云的最高高度上，云底一般在 4500 ~ 10 000 米。它由高空的细小冰晶组成，冰晶比较稀疏，故云比较薄且透光良好，色泽洁白并具有冰晶的亮泽。卷云按外形、结构等特征，分为毛卷云和钩卷云、伪卷云、密卷云四类。

的云（淡积云），或移动较快的白色碎云（碎积云），表明中、低空气层比较稳定，天气会比较好，以晴朗为主。

云的颜色也可以预兆一定的天气情况。如冰雹云的颜色显示顶白底黑，而后云中出现红色，形成白、黑、红色乱绞的云丝，云边呈土黄色。黑色是阳光照射不透的结果，白色是云体对阳光无选择地散射或反射的结果，

红、黄色是云中某些云滴对阳光进行选择散射的现象。此外，生活中也有很多类似的谚语，如"黑云黄云土红云，翻来覆去乱搅云，多有雹子灾严重""午后黑云滚成团，风雨冰雹一齐来"等说法。这些都说明当空气对流强盛，云块发展迅猛，像浓烟一股股地直往上冲，云层上、下、前、后翻滚时，就容易下冰雹。

伴随卷云出现的彩虹

云量还决定天气的阴晴变化。天气预报中的晴、多云、阴等都是根据云量的多少来判断的。目前云量的多少全凭目测云块占据天空的面积来估计。通常将天空划分为 10 等份，万里无云或者被云遮蔽不到 0.5 时，云量记录为 0；云遮蔽一半天空时，云量为 5。天空无云或者有零星云层，但云量不到 2 时称为晴；低云量在 8 以上称为阴；中、低的云量为 1 ~ 3，高云的云量为 4 ~ 5 时，称为少云；中、低云的云量为 4 ~ 7，高云的云量为 6 ~ 10 时，称为多云。

趣味点击　　云姓的起源

云姓的起源，可以追溯到 4000 多年以前。《姓氏考略》上记载的云姓始祖缙云氏为云姓起源。缙云，是黄帝时的一种官名，黄帝以云名官，分别管理一年四季之事，其中夏官的官名就叫作缙云氏。当时掌管夏令事宜的缙云氏，究竟是什么人尚未知其详，但是他的后代却纷纷以缙云两个字为自己家族的姓氏，传到后来，再省略为一个"云"字，使得一直都有这个姓氏。

▶ 雾

◎ 雾的成因

雾是一种常见的天气现象。凡是大气中因悬浮的水汽凝结，水平能见度低于 1 千米时，气象学便称这种天气现象为雾。水平能见度在 1 ~ 10 千米时的雾称为轻雾。

那么，雾是怎么形成的呢？

雾的形成和我们做饭时看到的水蒸气的形成原理是相同的。空气中通常容纳了一定量的水汽，当气温升高时，空气中所容纳的水汽就越多，相反就越少。白天的温度一般比较高，空气中可容纳更多的水汽，到了晚上，当温度降低到空气中不能容纳原先所有的水汽时，过剩的水汽便会凝结成小水滴或小冰晶，浮游在近地面的大气中，雾就形成了。雾的形成条件和云差不多，都需要有一定的凝结核或凝华核，而且近地面的空气水汽含量要足够充沛外，还需要近地面气温降低。通俗地来说，雾就是近地面的云。

山间晨雾

一般情况下，秋、冬早晨雾特别多。

我们知道，当空气容纳的

水汽达到最大限度时，就达到了饱和。而气温越高，空气中所能容纳的水汽也越多。1立方米的空气，气温在4℃时，最多能容纳的水汽量是6.36克；而气温是20℃时，1立方米的空气中最多可以含水汽17.3克。如果空气中所含的水汽多于一定温度条件下的饱和水汽量，多余的水汽就会凝结出来，当足够多的水分子与空气中微小的灰尘颗粒结合在一起时，水分子本身也会相互黏结，就变成小水滴或冰晶。

空气中的水汽超过饱和量，凝结成水滴，这主要是气温降低造成的。

白天温度比较高，空气中可容纳较多的水汽。但是到了夜间，温度下降，空气中能容纳的水汽减少，因此，一部分水汽会凝结成为雾。特别在秋、冬季节，由于夜长，而且出现无云风小的机会较多，地面散热较夏天更迅速，致使地面温度急剧下降，这样就使得近地面空气中的水汽，容易在后半夜到早晨达到饱和而凝结成小水珠，形成雾。秋冬的清晨气温最低，便是雾最浓的时刻。

◎ 雾的分类

根据雾的形成原因不同，大致可以分为辐射雾、平流雾、蒸汽雾和锋面雾等几种。

辐射雾是空气因辐射冷却达到过饱和形成的，主要出现在晴朗、微风、近地面水汽比较充沛的夜间或早晨。这时，天空没有云的遮挡，地面热量会迅速向外辐射出去，近地面层的空气温度迅速下降。如果空气中水汽较多，就会很快达到过饱和状态而凝结成雾。风速对辐射雾的形成

你知道吗

水 汽

水汽在大气中含量很少，但变化很大，其变化范围在0~4%之间。水汽绝大部分集中在低层，有一半的水汽集中在2千米以下，3/4的水汽集中在4千米以下，10~12千米高度的水汽约占全部水汽总量的99%。

有一定影响。如果没有风，就不会使上、下层空气发生交换，辐射冷却效应只发生在贴近地面的气层中，只能生成一层薄薄的浅雾。如果风太大，上、下层空气交换很快，流动很大，气温不易降低很多，就难以达到过饱和状态。辐射雾出现在晴朗无云的夜间或早晨，太阳一升高，随着地面温度上升，空气又恢复到未饱和状态，雾滴也就立即蒸发消散。因此，在早晨出现辐射雾，常预示着有好天气。谚语"十雾九晴"、"早晨地罩雾，尽管晒稻谷"指的就是这种辐射雾。

知识小链接

辐 射 雾

辐射雾指由地表辐射冷却作用，使地面气层水汽凝结而形成的雾，并不是指这种雾具有辐射性。辐射雾在北方冬季、初春和秋末等季节比较常见。

平流雾，是暖湿空气移到较冷的陆地或水面时，因下部冷却而形成的雾。通常发生在冬季，持续时间一般较长，范围大，雾较浓，厚度较大，有时可达几百米。只要有适当的风向、风速，平流雾一旦形成，就会持续很长时间，如果没有风，或者风向转变，暖湿空气来源中断，雾就会立刻消散。

平流雾

蒸汽雾，又称蒸发雾。当冷空气流经比其温度更高的暖水面时，由于温差较大，暖水汽的饱和蒸汽压大于冷空气的饱和蒸汽压，水汽源源不断地从暖水面蒸发，与冷空气混合，在冷却的过程中迅速凝结而成为蒸汽雾。蒸汽雾常发生在深秋季节寒冷早晨的湖面、河面或极地。例如，北大西洋上就有一股强大的墨西哥暖流，经常突入北冰洋，造成北极洋面上大规模的蒸汽雾。有时北极的冷空气停留在冰面上，在冰面裂开的地方，冰下较暖的水就会露出来，形成局部的蒸汽雾。由于蒸汽雾大多数情况下出现在高纬度的北极地区，所以人们又常称其为"北极烟雾"。

锋面雾，经常发生在冷、暖空气交界的锋面附近。锋前、锋后均有，以暖锋附近居多。锋前雾是由于锋面上面暖空气云层中的雨滴落入地面冷空气内，经蒸发，使空气达到过饱和而凝结形成；而锋后雾，则由暖湿空气移至原来被暖锋前冷空气占据过的地区，经冷却达到过饱和而形成的。因为锋面附近的雾常跟随着锋面一起移动，军事上就常常利用这种锋面雾来掩护部队，向敌人进行突然袭击。

基本小知识

锋　面

锋面就是温度、湿度等物理性质不同的两种气团的交界面，或者叫作过渡带。锋面与地面的交线，称为锋线，简称为锋。锋面的长度与气团的水平距离大致相当，由几百千米到几千千米，宽度比气团小得多，只有几十千米，最宽的也不过几百千米。垂直高度与气团相当，几千米到十几千米。锋面有冷暖、移动与静止之分。

除了以上几种雾，还有谷雾、烟雾、冰雾等几种类型。

雾的出现往往跟天气的变换有紧密联系，有时雾出预报晴，有时雾出预报雨。自古以来，我国劳动人民就认识到这个道理，并反映在许多民间谚语里。比如："黄梅有雾，摇船不问路。"这是说春、夏之交的雾是雨的先兆，故民间又有"夏雾雨"的说法。又如："雾大不见人，大胆洗衣裳。"这是说冬雾兆晴，秋雾也如此。

准确地看雾知天气，还必须看雾持续的时间。辐射雾是由于空气受冷，水气凝结而成，所以白天温度一升高，就烟消云散，天气晴好。反之，"雾不散就是雨"。雾若到白天还不散，第二天就可能是阴雨天了，因此民谚说："大雾不过晌，过晌听雨响。"

大雾给交通带来不便

当然，雾与天气的关系并不如此简单，还有许多复杂的内容，因此不能生搬硬套，而要具体情况具体分析。也就是说，要准确地看雾知天气，还要作多方面地观察、分析，并进行综合判断。

知识小链接

天 气

天气是指经常不断变化的大气状态，既是一定时间和空间内的大气状态，也是大气状态在一定时间间隔内的连续变化。因此，天气可以理解为天气现象和天气过程的统称。

◎霾

霾，是指大量极细微的干尘粒均匀的浮游在空中，使水平能见度小于

10 千米的空气普遍混浊的现象。霾使远处光亮物体微带黄、红色，使黑暗物体微带蓝色，当水汽凝结加剧、空气湿度增大时，霾就会转化为雾。霾的核心物质是空气中悬浮的灰尘颗粒，气象学上称为气溶胶颗粒。霾会使视野模糊，导致能见度恶化。霾的形成与污染物的排放密切相关，城市中机动车尾气以及其他烟尘排放源排出粒径在微米级的细小颗粒物，停留在大气中，当逆温、静风等不利于扩散的天气出现时，就形成霾。

雾和霾的区别主要在于水分含量的大小。空气中水分含量达到90%以上的叫雾，水分含量低于80%的叫霾。80%～90%的，是雾和霾的混合物，但主要成分是霾。

就能见度来区分：如果目标物的水平能见度降低到1千米以内，就是雾；水平能见度在1～10千米的，称为轻雾或霭；水平能见度小于10千米，且是灰尘颗粒造成的，就是霾或灰霾。

另外，霾和雾还有一些肉眼看得见的"不一样"。雾的厚度只有几十米至200米，而霾的厚度可以达到1～3千米；雾的颜色是乳白色、青白色，霾则是黄色、橙灰色；雾的边界很清晰，过了"雾区"可能就是晴空万里，但是霾则与周围环境边界不明显。

◎ 变化多端的海雾

海雾与其他自然现象一样是不断地变化着的，它的变化特征为天、季、年的不同变化。

在一天中，太阳出来以后，海面吸收了太阳的热量，水温上升，使近水面空气温度也升高。这样，空气的上、下层对流加强，使水汽凝结物输送到高空，雾滴逐渐扩散。同时，低层空气温度的上升，也使它增加了容纳从海面跑到空气中的水汽量。因此，从日出到日落期间，海雾会变淡或者消散。到了夜晚之后，由于海面冷却下来，贴水面的空气变得稳定起来，海雾又重新加大。

在一年中，我国的海雾以南海的海雾出现最早，一般由 1 月份开始，2 ~ 3 月份最多，平均雾日为 2 ~ 5 天。4 月份，雾日迅速减少。5 月份以后极少出现雾。东海的海雾是从 3 月份开始，7 月份结束，最盛期间为 4 ~ 6 月份。福建与浙江温州之间沿海的海雾集中出现在 4 ~ 5 月份，舟山群岛集中在 6 月份，中心区的雾日数都达到 15 天。对于

海　雾

黄海，不仅雾期的起止时间推迟，而且雾季也拉长，从 4 月份持续到 8 月份，其中南黄海以 7 月份雾最多，而北黄海海雾最盛期推迟到 8 月份。8 月份以后，我国近海就很少见到海雾了。可见，我国海雾的出现时间主要是集中在前一年的冬末到夏末期间，雾季是南早北晚、由南向北推迟。

知识小链接

舟山群岛

　　舟山群岛是中国沿海最大的群岛之一。位于长江口以南、杭州湾以东的浙江省北部海域。古称海中洲，呈东北至西南排列，东北部以小岛为主，大岛多集中在西南部。

雾是什么颜色的

　　实验证明：当白光照射到一个透明的物体上时，它所透过的光，主要是跟透明物体同一种颜色的光，其他颜色都会被透明物体吸收掉。如果一种透明物体能使各种颜色的光都透过，那么这种透明体就是无色的，例如冰。但是水变成雾之后，就形成了许多反射面。这时光线就透不过去，而是被反射出来，也就是说，各种颜色的光都被反射掉了，所以，雾就会变成白茫茫的了。

　　海雾除了有日变化和季节变化以外，还有年际变化。例如，鸭绿江口平均年雾日数为48.5天，最多年为71天，最少年只有26天，两者几乎相差3倍。再如湛江，平均年雾日数为25.5天，最多年为52天，最少年仅11天，几乎相差5倍。海雾的年际变化在很大程度上是与携带不同温度水的海流、海面风以及地理条件有关的。

▶ 雨

◎ 雨的成因

　　雨，是地球水循环不可缺少的一部分，是几乎所有的远离河流的陆生植物补给淡水的唯一方法。

　　当陆地和海洋表面的水受到太阳光的照射后，就变成水蒸气蒸发到空气中。水汽在高空遇冷便凝结成直径只有 0.01～0.02 毫米的小水滴。它们又小又轻，被空气中的上升气流托在空中。就是这些小水滴在空中聚成了云。这些小水滴在云层里互相碰撞，又不断凝结、凝华并成大水滴，当它大到空气托不住的时候，就从云中落了下来，形成了雨。

这些小水滴要变成雨滴降到地面，它的体积大约要增大 100 多万倍。这些小水滴是怎样使自己的体积增长到 100 多万倍的呢？它主要依靠两个手段，其一是凝结和凝华增大。其二是依靠云滴的碰撞并增大。在雨滴形成的初期，云滴主要依靠不断吸收云体四周的水汽来使自己凝结和凝华。如果云体内的水汽能源源不断得到供应和补充，使云滴表面经常处于过饱和状态，那么，

拓展阅读

二十四节气中的雨水

公历每年的 2 月 18 日前后为雨水节气。雨水，表示两层意思，一是天气回暖，降水量逐渐增多了，二是在降水形式上，雪渐少了，雨渐多了。

这种凝结过程将会继续下去，使云滴不断增大，成为雨滴。但有时云内的水汽含量有限，在同一块云里，水汽往往供不应求，这样就不可能使每个云滴都增大为较大的雨滴，有些较小的云滴只好归并到较大的云滴中去。如果云内出现水滴和冰晶共存的情况，那么，这种凝结和凝华增大过程将大大加快。当云中的云滴增大到一定程度时，由于大云滴的体积和重量不断增加，它们在下降过程中不仅能赶上那些速度较慢的小云滴，而且还会"吞并"更多的小云滴而使自己壮大起来。当大云滴越长越大，最后大到空气再也托不住它时，便从云中直落到地面，成为我们常见的雨水。

💨◎ 雨的分类

　　雨根据其不同的成因，大致可以分为对流雨、锋面雨、地形雨和台风雨。

　　对流雨也叫热雷雨，是大气对流运动引起的降水现象。近地面层空气受热或高层空气强烈降温，促使低层空气上升，水汽冷却凝结，就会形成对流雨。对流雨来临前常有大风，并伴有闪电和雷声，有时还下冰雹。

　　对流雨主要产生在积雨云中，积雨云内冰晶和水滴共存，云的垂直厚度和水汽含量特别大，气流升降也十分强烈，可达 20 ~ 30 米/秒，云中带有电荷，所以积雨云常发展成强对流天气，产生大暴雨。对流雨以低纬度地区最多，降水时间一般在午后，特别是在赤道地区，降水时

强对流天气带来的暴雨

间非常准确。早晨天空晴朗，随着太阳升起，天空积云逐渐形成并很快发展，越积越厚，到了午后，积雨云汹涌澎湃，天气闷热难熬，大风掠过，雷电交加，暴雨倾盆而下，降水延续到黄昏时停止，雨后天晴，天气稍觉凉爽，但是第二天，又重复有雷阵雨出现。在中高纬度，对流雨主要出现在夏半年，冬半年却极为少见。

　　锋面雨主要出现在锋面活动过程中。暖湿气流在上升过程中，由于气温不断降低，水汽就会冷却凝结，成云致雨，这种雨被称为锋面雨。由于锋面常与气旋相伴而生，所以又把锋面雨称为气旋雨。

两种性质不同的气流相遇，它们中间的交界面叫锋面。锋面雨主要产生在雨层云中，在锋面云系中雨层云最厚，是一种冷、暖空气交接而成的混合云，其上部为冰晶，下部为水滴，中部常常冰水共存，能很快引起冲并作用，因为云的厚度大，云滴在冲并过程中经过的路程长，有利于云滴增大，雨层云的底部离地面近，雨滴在下降过程中不易被蒸发，有利于形成降水。雨层越厚，云底距离地面越近，降水就越强。

锋面降水有 2 个主要的特点：①降水范围大，通常沿锋面而产生大范围的呈带状分布的降水区域，称为降水带。随着锋面平均位置的季节移动，降水带的位置也移动。例如，我国从冬季到夏季，降水带的位置逐渐向北移动，5 月份在华南，6 月上旬降水带移动到南岭—武夷山一线，6 月下旬到长江一线，7 月份到淮河，8 月份到华北，进入秋季以后，降水带开始逐渐南移。在 8 月份下旬从东北华北开始向南撤，9 月份即可到华南沿海，所以南撤比北进快得多。②降水持续时间长。由于层状云上

你知道吗

赤道

赤道是地球表面的点随地球自转产生的轨迹中周长最长的圆周线。赤道半径为 6378.137 千米；两极半径 6359.752 千米；平均半径 6371.012 千米；赤道周长 40 075.7 千米。如果把地球看作一个绝对的球体，赤道距离南、北两极相等，是一个大圆。它把地球分为南、北两半球，其以北是北半球，以南是南半球，它是划分纬度的基线，赤道的纬度为 0°。

升速度小，含水量和降水强度都比较小，有些很少发生降水，有降水发生也是毛毛雨。但是，锋面降水持续时间长，短则几天，长则十天半个月以上，有时长达 1 个月以上，"清明时节雨纷纷"就是对我国江南春季锋面降水现象的准确而恰当的描述。

地形雨是气流沿山坡被迫抬升引起的降水现象，发生在迎风坡。在暖湿

气流经过山脉时，如果大气处于不稳定状态，可以产生对流，形成积状云；如果气流经过山脉时的上升运动，同山坡前的热力对流结合在一起，积云就会发展成积雨云，形成对流性降水。在锋移动过程中，如果其前进方向有山脉阻拦，锋面移动速度就会减慢，降水区域扩大，降水强度增强，降水时间延长，形成连阴雨天气，可持续 15 天以上。在世界上，降雨最多的地方，常常是山地的迎风坡，称为雨坡；背风坡降水量很少，称为干坡或"雨影"地区。如挪威的那维亚山地西坡迎风，降水量为 1000 ~ 2000 毫米，背风坡只有 300 毫米。又如，印度的乞拉朋齐年降水量为 11 418 毫米，这里成为世界年降雨量最多的地方，而处于背风坡的青藏高原，年降水量却只为 200 ~ 400 毫米。

知识小链接

迎　风　坡

　　风沿斜坡往上吹的就是迎风坡。由于地形对气候的影响，山地的迎风坡和背风坡常形成不同的自然环境，进而形成不同的人文环境。

　　台风雨是热带海洋上的风暴带来的降雨。这种风暴是由异常强大的海洋湿热气团组成的，台风经过之处暴雨狂泻，一次可达数百毫米，有时可达 1000 毫米以上，极易造成灾害，称为台风雨。台风不但带来大风，而且相伴发生降水。台风登陆后，若维持时间较长，或由于地形作用，或与冷空气结合，都能产生大暴雨。我国东南沿海是台风登陆的主要地区，台风雨所占比重相当大。台风云系有一定规律，台风中的降水分布在海洋上也很有规律，但是在台风登陆后，由于受地形摩擦作用，就不那么有规律了。例如，风中有上升气流的整个涡旋区，都有降水存在，但是以上升运动最强的云墙区降水量最大，螺旋云带中降水量已经减少，有时形成暴雨，台风眼区气流下沉，一般没有降水。

降 水 量

降水量是衡量一个地区降水多少的数据。降水量又指从天空降落到地面上的液态和固态降水，没有经过蒸发、渗透和流失而在水平面上积聚的深度。空气柱里含有水汽总数量也称为可降水量。

◎ 雨 带

地球表面降水量分布，主要与 2 个因素有关：①大气中水汽的多少。②大气中上升运动的有无和强弱。因此，从总的情况来说，降水量是从赤道向极地减少的，但是温带地区也有一个次多雨季存在。

降水量等级图

降水等级	12 小时降水总量（毫米）	24 小时降水总量（毫米）
小雨	0.1 ~ 4.9	0.1 ~ 9.9
中雨	5 ~ 14.9	10 ~ 24.9
大雨	15 ~ 29.9	25 ~ 49.9
暴雨	30 ~ 69.9	50 ~ 99.9
大暴雨	70 ~ 139.9	100 ~ 249.9
特大暴雨	≥140	≥250

在赤道地区海洋广阔，陆地如亚马孙河流域、刚果河流域和印度尼西亚等地，分布着广阔的热带雨林，气温又高，蒸发强烈，大气中水分含量充足，对流上升运动发展旺盛，因此形成降水量最多的地带。年降水量一般为 1000 ~ 2000 毫米以上，太平洋的一些岛屿上可达 5000 ~ 6000 毫米。

从赤道向两极降水量逐渐减少，在南、北纬度 15° ~ 30° 的热带和亚热带地区，由于下沉运动占优势，不利于云雨形成，降水量达到最小值，一般不到 500 毫米。地球上的沙漠多数都分布在这个地带。

你知道吗

温带气候

冬冷夏热，四季分明，是温带气候的显著特点。我国大部分地区都属于温带气候。从全球分布来看，温带气候的情况比较复杂。根据地区的降水特点的不同，可分为温带海洋性气候、温带大陆性气候、温带季风性气候和地中海气候几种类型。它是世界上分布最广泛的气候类型。由于温带气候分布地域广泛，类型复杂多样，从而为生物创造了良好的气候环境。

温带是锋面气旋活动频繁的地方，暖空气沿锋面上升，降水增加，年降水量达 500 ~ 1000 毫米，成为地球上第二个多雨带。

两极地区，温度低，水汽少，降水量显著减少。而且主要是降雪，因此极地也是地球上的少雨带。

地球上年降水量最多的出现在印度东北部的乞拉朋齐地区。某年曾降水达 20 000 毫米以上，平均年降水量以夏威夷可爱岛的迎风坡最多，约近万毫米。一日最大降水量出现在印度洋的岛屿上，一日最大降水量曾达约 2000 毫米。

知识小链接

"酸雨"的由来

近代工业革命之后，燃煤数量日益猛增。在煤的燃烧中排放酸性气体二氧化硫；燃烧产生的高温还促使助燃的空气发生部分化学变化，氧气与氮气化合，排放出酸性气体。它们在高空中为雨雪冲刷、溶解，雨成为酸雨。这些酸性气体成为雨水中的杂质硫酸根、硝酸根和铵离子。

最少的降水量出现在沙漠上。撒哈拉地区年降水量大都不到 50 毫米。埃及的一些地区，多年平均降水量都是零，常常是万里无云，滴雨不下。此外，中亚沙漠的年降水量也在 50 毫米以下。

➡ 雪

◎ 雪的成因

在地球上，水是不断循环运动的，海洋和地面上的水受热蒸发到天空中，这些水汽又随着风运动到别的地方，当它们遇到冷空气时，形成降水又重新回到地球表面。这类降水分为 2 种：①液态降水，这就是下雨。②固态降水，这就是下雪或下冰雹。大气里以固态形式落到地球表面上的降水，叫作大气固态降水。雪是大气固态降水中的一种最广泛、最普遍、最主要的形式。

由于天空中气象条件和环境的差异，造成了形形色色的大气固态降水。

这些大气固态降水的名称也因地而异，名目繁多，极不统一。为了方便起见，国际雪冰委员会，通过了各国专家意见的提案，把大气固态降水分为 10 种：雪片、星形雪花、柱状雪晶、针状雪晶、多枝状雪晶、轴状雪晶、不规则雪晶、霰、冰粒和雹。前面的 7 种统称为雪。为什么后面 3 种不能叫作雪呢？原来由气态的水汽变成固态的水有 2 个过程：①水汽先变成水，然后水再凝结成冰晶。②水汽不经过水，直接变成冰晶，这种过程叫作水的凝华。因此，雪是天空中的水汽经凝华而形成的固态降水。

唐朝著名诗人岑参的那句"忽如一夜春风来，千树万树梨花开"是对雪的经典写照。雪也一度成为文人墨客笔下写意抒情的寄托对象。

知识小链接

岑　参

岑参（约 715～770）唐代著名边塞诗人，汉族，原籍南阳（今属河南），后迁居江陵（今属湖北）。他的诗歌富有浪漫主义的特色，气势雄伟，想象丰富，色彩瑰丽，热情奔放。他尤其擅长七言歌行。

◎雪的形状

雪花不会自己凭空产生。雪是由空中的水蒸气，遇冷后凝结形成的。雪看起来是白色的，其实雪是冰的晶体，而冰晶是无色透明的。它在形成伊始，必须依托同温层以下空气中一颗颗肉眼看不到的微尘粒子做晶核，水汽的水分子在冷空气作用下围着它一层又一层地凝结，晶核就从中央向外长大。形成一颗雪晶体大约要用 5 分钟时间，在这段时间里，造雪环境中的气流始终升降浮沉，动荡不定，但水汽必须保持等量作用于晶核的周边。空中云层的厚度、湿度、温度对雪花的形态有极大的影响，星形雪花的形成要求较大的湿度，而湿度较小的云层易于形成片状、粉末状雪花。其实雪花的个体是极其微小的，直径一般在 0.5～3 毫米，5000 朵雪花放在精密天平上都不过 1 克。雪花的外形基本呈六角形，其千姿百态的图案就像精美的艺术品，雪花的图案有 2 万余种，在显微镜下观察非常美丽。

云层是雪花孕育的地方，雪花产生于云层中的这些小晶核，晶核生长的形状有 3 种趋势：长而细的六棱柱形晶柱、两头尖犹如一根针的晶针和很薄的六边形晶片。如果它们周围的水汽浓度较低，冰晶的增长就很慢，而且各边均匀增长；如果周围水汽浓度较大，那么增长过程中不仅体积会增大，形状也会改变，最常见的就是天空中飘落的六边形雪花。

各种雪花的形状

基本小知识

冰　晶

冰晶是水汽在冰核上凝华增长而成的固态水成物。冰晶是形成雪花的必要介质，它以一些尘埃为中心从而与水蒸气一起在较低的温度下形成一个像冰一样的物质，在冰晶增长的同时，冰晶附近的水汽会被消耗。所以，越靠近冰晶的地方，水汽越稀薄，饱和程度越低。这样就会形成冰花，落到地面就成了雪花。

显微镜下的雪花

雪花的形状，涉及水在大气中的结晶过程。大气中的水分子在冷却到冰点以下时，开始凝华，并形成冰晶。冰晶和其他晶体一样，其最基本的性质就是具有自己的规则的几何外形。冰晶属六方晶系，六方晶系具有 4 个结晶轴，其中 3 个辅轴在一个平面上，互相以 $60°$ 角相交；另一主轴与这 3 个辅轴组成的平面垂直。六方晶系的最典型形状是六棱柱体。但是，当结晶过程中主轴方向晶体发育很慢，而辅轴方向发育较快时，晶体就呈现出六边形片状。大气中的水汽在结晶过程中，往往是晶体在主晶轴方向生长速度慢，而 3 个辅轴方向则快得多，冰晶多为六边片状。当大气中的水汽十分丰富的时候，周围的水分子不断地向最初形成的晶片上结合，其中雪片的 6 个顶角首当其冲，这样顶角上会出现一些突出物和枝杈。这些枝杈增长到一定程度，又会分叉。次级分叉与母枝均保持 $60°$ 的角度。这样，就形成了一朵六角星形的雪花。每片雪花在整体上虽然都是六角星形的，但在

拓展阅读

雪文化

　　雪与冰在中国文化中象征着纯洁，例如成语"冰清玉洁"。威尔逊·班特利是第一位雪花的拍摄者；开普勒曾写过一本研究雪花结构的书，叫《六角的雪花》。雪还是纯洁女神的象征。

细微形态上却有很多差别。

　　雪花形成后便向下飘落，在飘落的过程中，碰上其他雪花时，常常黏附在一起，慢慢长大，遇到上升气流时，小雪花上升的速度比大雪花快，小雪花赶上大雪花发生粘连，几经反复，便逐渐成为直径达几厘米的像棉花又似鹅毛的雪团。当空气中的上升气流再也托不住这些雪花时，它们便从云层中飘落下来，如果这时低层空气的温度在0℃以下，雪花降落到地面，这便是人们所见到的皑皑白雪。

◎ 降雪的几种形态

　　雪花、湿雪、雨夹雪是降雪的几种形态。

　　当混合云团中的冰晶达到饱和时，水滴却还没有达到饱和，这时云中的水汽向冰晶表面凝华，更多的过冷却水滴被"吸附"在冰晶上，冰晶逐渐增长。在混合云里过冷却水很不稳定，当过冷却水滴和冰晶相碰撞时就会黏附在冰晶表面。小冰晶增大到能够克服空气的阻力和浮力时，降落到地面便是雪花。

你知道吗

气　象

　　通俗来说，气象就是指发生在天空中的风、云、雨、雪、霜、露、虹、晕、闪电、打雷等一切大气的物理现象。

　　在早春或初冬，靠近地面的空气在0℃以上，且这层空气不厚，温度也不很高，会使雪花没有来得及完全融化就落到了地面。雪片趋于潮湿融化，这叫作降"湿雪"，湿雪成雨和雪同时下降的一种天气现象称作"雨雪并降"现象，这种现象在气象学里叫"雨夹雪"。

◎ 降雪量

冬天，北方下雪很常见。根据降雪量的大小分为小雪、中雪、大雪、暴雪。在不太冷的天气里，雪晶常聚合成团，状如棉絮，叫作雪花。在气温高于0℃时，雪晶和雪花开始融化。半融化的叫湿雪，全融化的成雨。雨和雪同时下落的叫雨夹雪。雨一阵阵地降落下来，叫作阵雨，雪也有阵性降雪。

在我们收听收看天气预报时，预报有大雪便知雪会下得大，小雪就下得小。但是通常对于地面上厚厚一层雪形成的降水量没有具体概念。对于降雪量，在气象学上是有严格的规定的，它与降雨量的标准截然不同。雪量是根据气象观测者，用一定标准的容器，将收集到的雪融化后测量出的量度。气象上对于雪量有严格的规范。如同降雨量一样，是指一定时间内所降的雪量，有24小时和12小时的不同标准。在天气预报中通常是预报白天或夜间的天气，这主要是指12小时的降水量，各等级降雪量的标准如下：

零星小雪——有降雪量，但小于0.1毫米；

小雪——大于等于0.1毫米，小于0.25毫米；

中雪——大于等于0.25毫米，小于3毫米；

大雪——大于等于3毫米，小于5毫米；

暴雪——降雪量大于等于5毫米。

◎ 我国的降雪分布

我国千里冰封、大地积雪的时期，因地区不同而各有差异。除了青藏高原雪线以上地区终年积雪以外，黑龙江、大小兴安岭、长白山、北疆阿尔泰山、天山等高山区，积雪期都长达半年以上。例如，在吉林省东部，海拔2670米处的白头山天池高山气象站，平均每年9月8日开始积雪，直到来年6月18日积雪才消失，历时9个半月；在我国最北方的漠河镇，积雪期近7个月，那里是我国平原上积雪期最长的地方。

雪　线

　　雪线是常年积雪的下界，即年降雪量与年消融量相等的平衡线。

　　雪线以上年降雪量大于年消融量，降雪逐年加积，形成常年积雪，进而变成粒雪和冰川冰，发育冰川。雪线是一种气候标志线，其分布高度主要取决于气温、降水量和地形条件。雪线高度从低纬向高纬地区降低，反映了气温的影响。

拓展阅读

气象站

　　气象站指为取得气象资料而建成的观测站。气象站内设有气压计、温度计及雨量计等被动式感应器，用来量度各种气象要素。

　　漠河每年平均积雪 175.9 天，是我国东部平原积雪日数最多的地方。哈尔滨积雪日数是 105.1 天，长春有 88.4 天，沈阳只有 61.5 天。再往南去，我国的首都——北京全年积雪只有 15.6 天。继续南下，武汉有 8.9 天，长沙有 6.1 天，在湖南省南部的衡阳市每年积雪只有 4.4 天。可是再向南去，进入两广地区，就没有地面积雪的现象了。

　　我国积雪最深的气象站是在新疆北部和黑龙江省，最厚可以达到 80 厘米以上。但是，南方江淮地区偶尔也会出现 50 厘米左右的惊人深度。

瑞雪兆丰年

"瑞雪兆丰年"是在我国广为流传的农谚。在北方,一层厚厚而疏松的积雪,像给小麦盖了一床御寒的棉被。雪中所含的氮素,易被农作物吸收利用。雪水温度低,能冻死土壤表层越冬的害虫,也给农业生产带来了好处。所以又有一句农谚:"冬天麦盖三层被,来年枕着馒头睡。"

比较一下积雪日数和下雪日数,可以发现:北方积雪日数比下雪日数多,南方却是下雪日数比积雪日数多。其原因是北方气温很低,常常白天的气温也在0℃以下,所以下一次雪经久不化,甚至可以越过一冬;但是南方的气温高,下了雪很难积起来,少则半日,多则一两天就融化完了,甚至刚落到地上就融化了,根本积不起来,所以这里的下雪日数比积雪日数多。

雷　电

◎雷电概述

夏季是雷雨的高发季节,每当天空乌云密布的时候,突然一条夺目的光亮划破天际,紧接着一声巨响,引来轰隆隆的雷声,这就是闪电和打雷。通常所说的雷电是伴有闪电和雷鸣的一种雄伟壮观而又有点令人生畏的放电现象。

雷电交加的夜晚

雷电通常在雷雨云中出现。雷雨云的形成一般要具有两个条件，即充足的水汽和剧烈的对流运动。雷雨云的成因或者说其蕴涵的能量主要来自大气的运动，气流的运动、摩擦以及风对云块作用，令其作切割地球磁场磁力线运动，使不同的电荷、带电微粒进一步分离、极化，最终形成积聚大量电荷的雷雨云。当雷雨云的电场强度达到足够大时将引起雷雨云中的内部放电，或雷雨云间的强烈放电，或雷雨云对大地、其他物体间放电，即所谓雷电。

云地间放电

雷属于大气声学现象，是大气中小区域强烈爆炸产生的冲击后形成的声波，而闪电则是大气中产生的火花放电现象。闪电和雷声是同时发生的，但它们在大气中传播的速度相差很大，因此人们总是先看到闪电然后才听到雷声。因为光每秒能走 30 千米，而声音只能走 340 米。根据这个现象，我们可以从看到闪电起到听到

云间闪电

雷声止这一段时间的长短，来计算闪电发生处与我们的距离。假如闪电在西北方，隔 10 秒听到了雷声，说明雷雨距离我们约有 3400 米远。

◎ 闪电的产生

你知道吗

地球磁场

地球磁场是偶极型的，近似于把一个磁铁棒放到地球中心，使它的北极大体上对着南极而产生的磁场形状，但并不与地理上的南北极重合，存在磁偏角。当然地球中心并没有磁铁棒，而是通过电流在导电液体核中流动的发电机效应产生磁场的。

如果我们在两根电极之间加很高的电压，并把它们慢慢地靠近。当两根电极靠近到一定的距离时，在它们之间就会出现电火花，这就是"弧光放电"现象。

雷雨云所产生的闪电，与弧光放电非常相似，只不过闪电是转瞬即逝，而电极之间的火花却可以长时间存在。因为在两根电极之间的高电压可以人为地维持很久，而雷雨云中的电荷经放电后很难马上补充。当聚集的电荷达到一定的数量时，在云内不同部位之间或者云与地面之间就形成了很强的电场。电场强度平均可以达到每厘米几千伏特，局部区域可以高达1万伏特/厘米。这么强的电场，足以把云内外的大气层击穿，于是在云与地面之间或者在云的不同部位之间以及不同云块之间激发出耀眼的闪光。这就是人们常说的闪电。

闪电的能见度靠赖于能量的传导

闪电的过程是很复杂的。当雷雨云移到某处时，云的中下部是强大负电荷中心，云底相对的下垫面变成正电荷中心，在云底与地面间形成强大电场。在电荷越积越多，电场越来越强的情况下，云底首先出现大气被强烈电离的一段气柱，称梯级先导。这种电离气柱逐级向地面延伸，每级梯级先导是直径约 5 米、长 50 米、电流约 100 安培的暗淡光柱，它以平均约 150 千米/秒的速度一级一级地伸向地面，在离

趣味点击　超级闪电

超级闪电指威力比普通闪电大 100 多倍的稀有闪电。普通闪电产生的电力约为 10 亿瓦特，而超级闪电产生的电力则至少有 1000 亿瓦特，甚至可能达到 1 万亿~10 万亿瓦特。

纽芬兰的钟岛曾受到一次超级闪电的袭击，连 13 千米以外的房屋也被震得格格响，整个乡村的门窗都喷出蓝色火焰。

地面 5~50 米时，地面便突然向上回击，回击的通道是从地面到云底，沿着上述梯级先导开辟出电离通道。回击以 5 万千米/秒的更高速度从地面驰向云底，发出光亮无比的光柱，历时 40~80 微秒，通过电流超过 1 万安培，这即第一次闪击。相隔瞬间之后，从云中伸出一根暗淡光柱，携带巨大电流，沿第一次闪击的路径飞驰向地面，称直窜先导，当它离地面 5~50 米时，地面再向上回击，再形成光亮无比的光柱，即第二次闪击。接着又类似第二次那样产生第三、四次闪击。通常由 3~4 次闪击构成一次闪电过程。一次闪电过程历时 0.2~0.3 秒，在短时间内，窄狭的闪电通道上要释放巨大的电能，因而形成强烈的爆炸，产生冲击波，然后形成声波向四周传开，这就是雷声或称为"打雷"。

◎ 闪电的形状

海底也有闪电，灵敏的电场仪表明，海底放电的频率与大气中闪电的频率相同，这使科学家大惑不解。因为按水文物理学规律，深层海水的导电性良好，应与雷电无缘。

科学家经过反复试验，最后认为：电荷源实际上来自陆地上近海岸的空中，再经过岩石传导，一直深入到海底。但随着传导距离的增加，电量逐渐减少。因此海底测得的放电量一般是较弱的。

闪电的形状最常见的有线状（或枝状）闪电和片状闪电，并且球状闪电是一种十分罕见的闪电形状。如果仔细区分，还可以划分出带状闪电、连珠状闪电和火箭状闪电等。线状闪电或枝状闪电是人们经常看见的一种闪电形状。它有耀眼的光芒和很细的光线。整个闪电好像横向或向下悬挂的枝杈，又像地图上支流很多的河流。

线状闪电与其他放电不同的地方是它有特别大的电流强度，平均可以达到几万安培，在少数情况下可达 20 万安培。这么大的电流强度，可以毁坏和摇动大树，有时还能伤人。当它接触到建筑物的时候，常常造成"雷击"而引起火灾。线状闪电多数是云对地的放电。

片状闪电也是一种比较常见的闪电形状。它看起来好像是在云面上有一片闪光。这种闪电可能是云后面看不见的火花放电的回光，或者是云内闪电被云滴遮挡而造成的

条状闪电

漫射光，也可能是出现在云上部的一种丛集的或闪烁状的独立放电现象。片状闪电经常是在云的强度已经减弱，降水趋于停止时出现的。它是一种较弱的放电现象，多数是云中放电。

球状闪电最引人注目。它像一团火球，有时还像一朵发光的盛开着的"绣球"菊花。它约有人头那么大，偶尔也有直径几米甚至几十米的。球状闪电有时候在空中慢慢地转悠，有时候又完全不动地悬在空中。它有时候发出白光，有时候又发出像流星一样的粉红色光。球状闪电"喜欢"钻洞，有时候，它可以从烟囱、窗户、门缝"钻"进屋内，在房子里转一圈后又"溜"走。球状闪电有时发出咝咝的声音，然后一声闷响便消失；有时又只发出微弱的噼啪声而不知不觉地消失。球状闪电消失以后，在空气中可能留下一些有臭味的气烟，有点像臭氧的味道。球状闪电的生命史不长，大约为几秒钟到几分钟。

带状闪电由连续数次的放电组成。在各次闪电之间，闪电路径因受风的影响而发生移动，使得各次单独闪电互相靠近，形成一条带状。带状的宽度约为 10 米。这种闪电如果击中房屋，可以立即引起大面积燃烧。

连珠状闪电看起来好像一条在云幕上滑行或者穿出云层而投向地面的发光点的连线，也像闪光的珍珠项链。有人认为连珠状闪电似乎是从线状闪电到球状闪电的过渡形式。连珠状闪电往往紧跟在线状闪电之后接踵而至，几乎没有时间间隔。

火箭状闪电比其他各种闪电放电慢得多，它需要 1~1.5 秒的时间才能放电完毕。可以用肉眼很容易地跟踪观测它的活动。

人们凭借自己的眼睛就可

趣味点击 紫色闪电

近地面单个云系与大地产生的闪电多为青紫色闪电。其实，闪电是电弧放电，发出的是白光，并包含大量紫外线，因而给人以紫色的感觉。

以观测到闪电的各种形状。不过，要仔细观测闪电，最好采用照相的方法。高速摄影机既可以记录下闪电的形状，又可以观测到闪电的发展过程。使用某些特种照相机（如移动式照相机），还可以研究闪电的结构。

◎ 雷的成因及形式

闪电通路中的空气突然剧烈增热，使它的温度高达 15 000 ~ 20 000℃，因而造成空气急剧膨胀，通道附近的气压可增至 100 个大气压以上。紧接着，又发生迅速冷却，空气很快收缩，压力减低。这一骤胀骤缩都发生在千分之几秒的短暂时间内，所以在闪电爆发的一刹那间，会产生冲击波。冲击波以 5000 米/秒的速度向四面八方传播，在传播过程中，它的能量很快衰减，而波长则逐渐增长。在闪电发生后的 0.1 ~ 0.3 秒内，冲击波演变成声波，这就是我们听见的雷声。

你知道吗

瓦斯

瓦斯是古代植物在堆积成煤的初期，纤维素和有机质经厌氧菌的作用分解而形成的。在高温、高压的环境中，在成煤的同时，由于物理和化学作用，继续生成瓦斯。瓦斯是无色、无味、无臭的气体，但有时可以闻到类似苹果的香味，这是由于芳香族的碳氢气体同瓦斯同时涌出的缘故。瓦斯的渗透能力是空气的 1.6 倍，难溶于水，不助燃也不能维持呼吸，达到一定浓度时，能使人因缺氧而窒息，并能发生燃烧或爆炸。瓦斯在煤体或围岩中是以游离状态和吸着状态存在的。

有人认为雷鸣是在高压电火花的作用下，由于空气和水汽分子分解而形成的瓦斯爆炸时所产生的声音。雷鸣的声音在最初的十分之几秒时间内，跟爆炸声波相同。这种爆炸波扩散的速度约为 5000 米/秒，在之后 0.1 ~ 0.3 秒钟，它就演变为普通声波。

雷声可以分为 2 种。①清脆响亮，像爆炸声一样的雷声，一般叫作"炸雷"。②沉闷的轰隆声，有人叫它"闷雷"。还有一种低沉而经久不歇的隆隆声，有点儿像推磨时发出的声响。人们常把它叫作"拉磨雷"，实际上是闷雷的一种形式。

人们常说的炸雷，一般是距观测者很近的云对地闪电所发出的声音。在这种情况下，观测者在见到闪电之后，几乎立即就听到雷声。有时甚至在闪电同时即听见雷声。因为闪电就在观测者附近，它所产生的爆炸波还来不及演变成普通声波，所以听起来犹如爆炸声一般。

如果云中闪电时，雷声在云层里多次反射，在爆炸波分解时，又产生许多频率不同的声波，它们互相干扰，使人们听起来感到声音沉闷，这就是我们听到的闷雷。一般说来，闷雷的响度比炸雷来得小，也没有炸雷那么吓人。

拉磨雷是长时间的闷雷。雷声拖长的原因主要是声波在云内的多次反射以及远近高低不同的多次闪电所产生的效果。此外声波遇到山峰、建筑物或地面时，也产生反射。有的声波要经过多次反射。多次反射有可能在很短的时间间隔内先后传入我们的耳朵。这时，我们听起来，就觉得雷声沉闷而悠长，犹如拉磨。

拓展阅读

防雷击须知

雷电发生时产生的雷电流是主要的破坏源，其危害有直接雷击、感应雷击和由架空线引导的侵入雷。例如各种照明、电讯等设施使用的架空线都可能把雷电引入室内，所以应严加防范。

雷电是雷雨云中的放电现象。形成雷雨云要具备一定的条件，即空气中要有充足的水汽，要有使湿空气上升的动力，空气要能产生剧烈的对流运动。春夏季节，由于受南方暖湿气流影响，空气潮湿，同时太阳辐射强烈，近地面空气不断受热而上升，上层的冷空气下沉，易形成强烈对流，所以多雷雨，甚至降冰雹。

　　而冬季由于受大陆冷气团控制，空气寒冷而干燥，加之太阳辐射弱，空气不易形成剧烈对流，因而很少发生雷阵雨。但有时冬季天气偏暖，暖湿空气势力较强，当北方偶有较强冷空气南下，暖湿空气被迫抬升，对流加剧，就会形成雷阵雨，出现所谓"雷打冬"的现象。雷暴的产生不是取决于温度本身，而是取决于温度的上下分布。也就是说，冬天虽然气温不高，但如果上下温差达到一定值时，也能形成强对流，产生雷暴。冬天打雷在中国很少见，但在加拿大多伦多的冬天就经常出现。伴随闪电而来的，是隆隆的雷声。

防雷击常识

　　1. 在打雷下雨时，严禁在山顶或者高丘地带停留，更要切忌继续登往高处观赏雨景。不能在大树下、电线杆附近躲避，也不要行走或站立在空旷的田野里，应尽快躲在低洼处，或尽可能找干燥的洞穴躲避。

　　2. 雷雨天气时，不要用金属柄雨伞，应摘下金属架眼镜、手表、裤带。若是骑车要尽快离开自行车，并远离其他金属制物体，以免产生导电而被雷电击中。

　　3. 在雷雨天气，不要去江、河、湖边游泳，划船，垂钓等。

　　4. 在电闪雷鸣、风雨交加之时，若旅游者在旅店休息，应立即关掉室内的电视机、音响、空调等电器，以避免产生导电。打雷时，在房间的正中央较为安全，切忌停留在电灯正下面，忌依靠在柱子、墙壁边、门窗边，以避免在打雷时产生感应电而致意外。

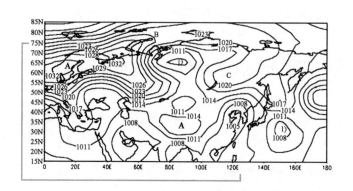风

◎ 风的产生

空气运动产生的气流，称为风。形成风的直接原因，是水平气压梯度力。

如下图，这是一幅某年某一时刻的海平面气压分布图。图中的一条条曲曲弯弯的等压线，是指同一条等压线经过之处的海平面气压都是相等的。在等压线闭合起来的地区，如果气压高于周围，就称为高气压；若气压低于周围，则称为低气压。而从高气压伸展出来的部分称为高压脊，从低气压伸展

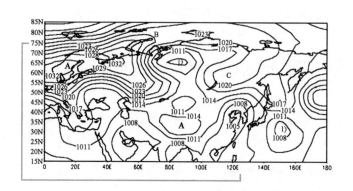

海平面气压分布图

出来的部分称为低压槽。等压线的分布有疏有密，这种等压线的疏密程度表示了单位距离内气压差的大小，称为气压梯度，等压线密集，表示气压梯度大。各地的气压如果发生了高低的差异，也就是说两地之间存在气压梯度力，气压梯度力就会把两地间的空气从气压高的一边推向气压低的一边，于是空

气流动起来，风便产生了。

风就是水平运动的空气。空气产生运动，主要是由于地球上各纬度所接受的太阳辐射强度不同而形成的。在赤道和低纬度地区，太阳高度角大，日照时间长，太阳辐射强度强，地面和大气接受的热量多、温度较高；在高纬度地区太阳高度角小，日照时间短，地面和大气接受的热量小，温度低。这种高纬度与低纬度之间的温度差异，形成了南北

你知道吗

气压

气压是作用在单位面积上的大气压力，即等于单位面积上向上延伸到大气上界的垂直空气柱的质量。著名的马德堡半球实验证明了它的存在。气压的国际制单位是帕斯卡，简称帕，符号是 Pa。

之间的气压梯度，使空气作水平运动，风沿水平气压梯度方向吹，即垂直与等压线从高压向低压吹。若两地的气压差值比较大，那么水平气压梯度力就比较大，风力也会随之增加。

◎ 风向与风速

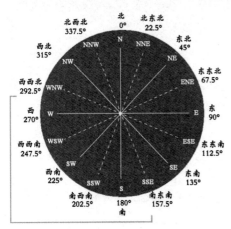

风向16方位图

地面气象观测中测量的风是水平运动（二维矢量），用风向和风速表示。

风向是指风的来向，气象上把风吹来的方向确定为风的方向。因此，风来自北方叫作北风，风来自南方叫作南风。气象站预报风时，当风向在某个方位左右摆动不能肯定时，则加以"偏"字，如偏北风。

当风力很小时，则采用"风向不定"来说明。最多风向是指在规定的时间段内出现频数最多的风向。人工观测风向，用 16 方位法。自动观测，风向以度为单位。

风向的测量单位，我们用方位来表示。如陆地上，一般用 16 个方位表示，海上多用 36 个方位表示；在高空则用角度表示。用角度表示风向，是把圆周分成 360°，北风（N）是 0°（即 360°），东风（E）是 90°，南风（S）是 180°，西风（W）是 270°，其余的风向都可以由此计算出来。

为了表示某个方向的风出现的频率，通常使用风向频率。它是指 1 年（月）内某方向风出现的次数和各方向风出现的总次数的百分比，即：

$$风向频率 = \frac{某风向出现次数}{风向的总观测次数} \times 100\%$$

由计算出来的风向频率，可以知道某一地区哪种风向比较多，哪种风向比较少。根据观测发现，我国华北、长江流域、华南及沿海地区的冬季多刮偏北风（北风、东北风、西北风），夏季多刮偏南风（南风、东南风、西南风）。

测定风向的另一种仪器为风向标，它一般距离地面 10 ~ 12 米高。如果附近有障碍物，其安置高度至少要高出障碍物 6 米以上，并且指北的短棒要正对北方。风向箭头指在哪个方向，就表示当时刮什么方向的风。

风速是指单位时间内空气移动的水平距离。风速以"米/秒"为单位，取 1 位小数。风速的大小可以用风力等级表示。在靠近地平面的上空，风速由于受

拓展阅读

风与城市规划

在城市规划中，应该把工业区放在盛行风的下风向处，把居民区放在上风向处；如果是季风区应该把工业区放在垂直风向的郊外。住宅区的布局应选择在上风向或最小风频处。

地物的影响与空中有很大的不同，所以地面观测以宽广而平坦的地面，离地10米的观测值作为标准值。风速值通常用电动式测风器或齿轮、电感式测风器测得。由于风速随离开地面的高度升高而增大，因此风速仪器统一规定安装在离地面10～12米的高度上。

风速测量中有最大风速、极大风速和瞬时风速几种。最大风速是指在某个时段内出现的最大10分钟内平均风速值。极大风速（阵风）是指某个时段内出现的最大瞬时风速值。瞬时风速是指3秒钟内的平均风速。大气中水平风速一般为1～10米/秒，台风、龙卷风有时达到102米/秒。而农田中的风速可以小于0.1米/秒。风速的观测资料有瞬时值和平均值两种，一般使用平均值。一天中，只要风速仪的指针一旦达到17米/秒，气象员就必须记录这一天为大风日，而不论它持续多长时间。大风日数是一种很重要的天气日数。如果观测时没有风，则称为"静稳"，并用符号C表示。

在唐代，人们除了记载晴阴雨雪等天气现象之外，也有对风力大小的测定。唐朝初期还没有发明测定风速的仪器，但那时已能根据风对物体征状，计算出风的移动速度并订出风力等级。曾有这样的记载："动叶十里，鸣条百里，摇枝二百里，落叶三百里，折小枝四百里，折大枝五百里，走石千里，拔大根三千里。"这是根据风对树产生的作用来估计风的速度。"动叶十里"就是说树叶微微飘动，风的速度是日行十里；"鸣条"就是树叶沙沙作响，这时的风速是日行百里。另外，还根据树的动态定出来的一些风级，又如书中所说："一级动叶，二级鸣条，三级摇枝，四级坠叶，五级折小枝，六级折大枝，七级折木，飞沙石，八级拔大树及根。"这八级风，再加上"无风"、"和风"（风来时人感觉到清凉、温和，并且尘埃不起，叫和风）两个级，可合十级。这些风的等级与国外传入的等级相比较，相差不大。因此，唐代可以说是世界上最早记录风力等级的。

风速指风在每秒钟内移动的距离。其实，在自然界中，风力有时是会超过12级的。像强台风中心的风力，或龙卷风的风力，都可能比12级大得多，只是 12 级以上的大风比较少见，一般就不具体规定级数了。下面是一张风力等级表。

风力等级表

风级	名称	风速		陆地地面物象	海面波浪	浪高（米）	最高（米）
		（米/秒）	（千米/时）				
0	无风	0 ~ 0.2	<1	静，烟直上	平静	0	0
1	软风	0.3 ~ 1.5	1 ~ 5	烟示风向	微波风无飞沫	0.1	0.1
2	轻风	1.6 ~ 3.3	6 ~ 11	感觉有风	小波峰未破碎	0.2	0.3
3	微风	3.4 ~ 5.4	12 ~ 19	旌旗展开	小波峰顶破裂	0.6	1
4	和风	5.5 ~ 7.9	20 ~ 28	吹起尘土	小浪白沫波峰	1	1.5
5	劲风	8 ~ 10.7	29 ~ 38	小树摇摆	中浪折沫峰群	2	2.5
6	强风	10.8 ~ 13.8	39 ~ 49	电线有声	大浪白沫离峰	3	4
7	疾风	13.9 ~ 17.1	50 ~ 61	步行困难	破峰白沫成条	4	5.5
8	大风	17.2 ~ 20.7	62 ~ 74	折毁树枝	浪长高有浪花	5.5	7.5
9	烈风	20.8 ~ 24.4	75 ~ 88	小损房屋	浪峰倒卷	7	10
10	狂风	24.5 ~ 28.4	89 ~ 102	拔起树木	海浪翻滚咆哮	9	12.5
11	暴风	28.5 ~ 32.6	103 ~ 117	损毁重大	波峰全呈飞沫	11.5	16
12	飓风	>32.6	>117	摧毁极大	海浪滔天	14	—

◎ 时空与风

地面风不仅受水平气压梯度力和地球的地转偏向力这两个力的支配，而且在很大程度上受海洋、地形的影响，山隘和海峡能改变气流运动的方向，还能使风速增大，而丘陵、山地却因摩擦大使风速减小，孤立山峰则因海拔高使风速增大。因此，风向和风速的时空分布较为复杂。

海陆差异对气流运动仍有影响。在冬季，大陆比海洋冷，大陆气压比海洋高，风从大陆吹向海洋。夏季相反，大陆比海洋热，风从海洋吹向内陆。这种随季节转换的风，我们称为季风。海陆风是指白昼时，大陆上的气流受热膨胀上升至高空流向海洋，到海洋上空冷却下沉，在近地层海洋上的气流吹向大陆，补偿大陆的上升气流。低层风从海洋吹向大陆称为海风，夜间时，情况相反，低层风从大陆吹向海洋，称为陆风。

在山区由于热力原因引起的白天由谷地吹向平原或山坡，夜间由平原或山坡吹向谷地的风，前者称为谷风，后者称为山风。这是由于白天山坡受热快，温度高于山谷上方同高度的空气温度，山坡上的暖空气从山坡流向谷地上方，谷地的空气则沿着山坡向上补充流失的空气，这时由山谷吹向山坡的风，称为谷风。夜间，山坡因辐射冷却，其降温速度比同高度的空气较快，冷空气沿山坡向下流入山谷，称为山风。

此外，不同的下垫面对风也有影响，如城市、森林、冰雪覆盖地区等都有相应的影响。光滑地面或摩擦小的地面使风速增大，

你知道吗

风 能

风能作为一种清洁的可再生能源，越来越受到世界各国的重视。风很早就被人们利用，主要是通过风车来抽水、磨面等，而现在人们感兴趣的是如何利用风来发电。

粗糙地面使风速减小等。

风 能

风是一种可再生、无污染而且储量巨大的能源。随着全球气候变暖和能源危机，各国都在加紧对风力的开发和利用，尽量减少二氧化碳等温室气体的排放，保护我们赖以生存的地球。

风能资源的多寡取决于风能密度和可利用的风能年累积小时数。风能密度是单位迎风面积可获得的风的功率，与风速的 3 次方和空气密度成正比关系。

据估算，全世界的风能总量约 1300 亿千瓦，中国的风能总量约 16 亿千瓦。风能资源受地形的影响较大，世界风能资源多集中在沿海和开阔大陆的收缩地带，如美国的加利福尼亚州沿岸和北欧一些国家，中国的东南沿海、内蒙古、新疆和甘肃一带风能资源也很丰富。中国东南沿海及附近岛屿的风能密度可达 300 瓦/平方米以上，其中 3～20 米/秒风速年累计超过 6000 小时。内陆风能资源最好的区域，沿内蒙古至新疆一带，风能密度也在 200～300 瓦/平方米，3～20 米/秒风速年累计 5000～6000 小时。这些地区适

风力发电站

于发展风力发电和风力提水。新疆达坂城风力发电站是中国最大的风力电站之一。

风能的利用主要是以风能作动力和风力发电两种形式。其中又以风力发

电为主。

以风能作动力，利用风来直接带动各种机械装置，如带动水泵提水等这种风力发动机。目前，世界上有 100 多万台风力提水机在运转。澳大利亚的许多牧场，都设有这种风力提水机。在很多风力资源丰富的国家，科学家们还利用风力发动机铡草、磨面和加工饲料等。

利用风力发电，以丹麦应用最早，而且使用较普遍。丹麦虽只有 500 多万人口，却是世界上风能发电大国和发电风轮生产大国，世界 10 大风轮生产厂家有 5 家在丹麦，世界 60% 以上的风轮制造厂都在使用丹麦的技术。丹麦是名副其实的"风车大国"。

截止到 2006 年底，世界风力发电总量居前 3 位的分别是德国、西班牙和美国。这三国的风力发电总量占全球风力发电总量的 60%。

拓展阅读

风力发电的优缺点

（1）优点：清洁，环境效益好；可再生，永不枯竭；基建周期短；装机规模灵活。

（2）缺点：噪声，视觉污染；占用大片土地；不稳定，不可控；目前成本仍然很高；影响鸟类。

我国风力资源丰富，可开发利用的风能储量巨大。对风能的利用，特别是对我国沿海岛屿，交通不便的边远山区，地广人稀的草原牧场，以及远离电网的农村、边疆，作为解决生产和生活能源的一种可靠途径，具有十分重要的意义。

露和霜

◎ 露

在夏季或初秋季节的早晨，人们在路旁的草尖、树叶或庄稼上都可以看到晶莹剔透的露珠。

露珠的名称为露，又称露水。露水并非是从天上降下来的，而是在地面上形成的。在温暖季节里，夜间地面物体强烈辐射冷却的时候，与物体表面相接触的空气温度下降，在它降到"露点温度"（在 0℃ 以上，空气因冷却而达到水汽饱和时的温度叫作"露点温度"）以后就有多余的水汽析出。因为这时温度在 0℃ 以上，这些多余的水汽凝结成水滴附着在地面物体上时就形成露。露水大多是在晴朗的夜间和清晨，湿度大而且无风的天气条件下形成的。干旱时期出现的露水，有利于植物的生长。

容易形成露的物体，通常其表面积比较大，表面比较粗糙，导热性比较差。有时，在上半夜形成了露，下半夜温度

清晨草叶上的露珠

继续降低，使物体上的露珠冻结起来，这叫作冻露。有人把它归入霜的一类，但是它的形成过程是与霜不同的。露一般在夜间形成，日出以后，温度升高，

露就蒸发消失了。

在农作物生长的季节里，常有露出现。它对农业生产是有益的。在我国北方的夏季，蒸发很快，遇到缺雨干旱时，农作物的叶子有时白天被晒得卷缩发干，但是夜间有露，叶子就又恢复了原状。人们常把"雨露"并称，就是这个道理。

知识小链接

农 作 物

　　农作物是指农业上栽培的各种植物。它包括粮食作物、经济作物（油料作物、蔬菜作物等）、工业原料作物、饲料作物、药用作物等。

◎ 霜

每年 10 月 23 日左右会迎来农历的节气——霜降。霜降表示天气更冷了，露水凝结成霜。《月令七十二候集解》中说："九月中，气肃而凝，露结为霜矣。"此时，我国黄河流域已出现白霜，千里沃野上，一片银色冰晶熠熠闪光，此时树叶开始枯黄。在我国古代典籍《二十四节气解》中说："气肃而霜降，阴始凝也。"可见，"霜降"表示天气逐渐变冷，开始降霜。

基本小知识

凝 华

　　凝华是物质从气态不经过液态而直接变成固态的现象。它是物质在温度和气压高于三相点的时候发生的一种物态变化。凝华过程物质要放出热量。

霜是一种白色的冰晶。它是水汽在温度很低时的一种凝华现象，多形成于夜间。少数情况下，在日落以前太阳斜照的时候也能开始形成。通常，日出后不久霜就融化了。但是在天气严寒的时候或者在背阴的地方，霜也能终日不消，跟雪很类似。

树枝上的霜

白天，地球表面吸收了太阳辐射的热，温度升高。夜间地面不再接受太阳光照，而向空中散发热量，温度降低。接近地面空气的温度也随之升高、降低。在每年霜降的时候，地表的温度在夜间逐渐降低到0℃以下。这时，在晴朗无风的夜晚，空气中的相对湿度达到100%时，水分从空气中析出，接触到地表冰冷的物体时便在其表面凝华成冰晶，并形成霜。

霜有两种，一种是白霜，还有一种霜被称为黑霜。当近地面空气中的水汽含量较多，气温低于0℃时，水汽直接在地面或地面的物体上凝华，形成一层白色的冰晶现象，这种霜被称为"白霜"。当地面温度降到0℃以下，但由于近地面空气中水汽含量少，地面没有结霜，这种现象称为"黑霜"。

气象学上，一般把秋季出现的第一次霜叫作"早霜"或

拓展阅读

露水的药用

释名：在秋露重的时候，早晨去花草间收取。

气味：甘、平、无毒。

主治：用以煎煮润肺杀虫的药剂，或把治疗疥癣、虫癫的散剂调成外敷药，可以增强疗效。

"初霜"，而把春季出现的最后一次霜称为"晚霜"或"终霜"。从终霜到初霜的间隔时期，就是无霜期。也有把早霜叫"菊花霜"的，因为此时菊花盛开。

霜是近地面的水汽达到饱和时出现的天气现象，与平时所说的霜冻并不是一回事。霜冻是温度在0℃以下使农作物受到的一种冻害。

露和霜的出现，常常预兆晴天。民间流传的谚语"露水起晴天"和"霜重见晴天"指的就是这个意思。为什么露、霜会预示晴朗的天气呢？这是因为露和霜出现在晴朗无云的夜间，地面辐射散热最快，没有大风，又不能把较高层大气的热量传下来。所以露和霜的出现作为天晴的预兆是有科学根据的。

📢 雾凇和雨凇

◎ 雾　凇

雾凇，俗称"树挂"，是雾气和水汽遇冷凝结在地面物体上的一种白色或乳白色的不透明的冰晶。在我国北方最常见，是北方冬季可以见到的一种类似霜降的自然现象。

当空气中的过冷水滴（温度低于0℃）碰撞到同样低于冻结温度的物体时，便会形成雾凇。

美丽的雾凇

当空气碰上物体马上冻结时便会结成雾凇层或雾凇沉积物。雾凇层由小冰粒构成，在它们之间有气孔，这样便形成典型的白色外表和粒状结构。由于各个过冷水滴的迅速冻结，相邻冰粒之间的内聚力较差，雾凇易于从附着物上脱落。

雾凇有 2 种。①过冷却雾滴碰到冷的地面物体后迅速冻结成粒状的小冰块，叫粒状雾凇，它的结构较为紧密。②由过冷却雾滴凝华而形成的晶状雾凇，结构较松散，稍有震动就会脱落。

被过冷却云环绕的山顶上最容易形成雾凇，它也是屋檐上常见的冰冻形式，在寒冷的天气里泉水、河流、湖泊或池塘附近的蒸汽雾也可以形成雾凇。

广角镜

松花江雾凇岛

如果你沿着松花江的堤岸望去，就会看到一道神奇而美丽的风景线：松柳凝霜挂雪，戴玉披银，如朵朵白云，排排雪浪，十分壮观。但离吉林市仅 40 千米，松花江下游的雾凇岛却鲜为人知，这里的雾凇岛因雾凇多且更加美丽而出名。雾凇岛地势较吉林市区低，又有江水环抱，冷热空气在这里相交，冬季几乎天天有树挂，有时一连几天也不掉落。岛上的曾通屯是欣赏雾凇最好的去处，曾有"赏雾凇，到曾通"之说。这里树形奇特，沿江的垂柳挂满了洁白晶莹的霜花，江风吹拂，银丝闪烁，天地白茫茫一片，犹如被尘世遗忘的仙境。远处，一行白鹭划过丛林，留下静寂的天空。

中国是世界上记载雾凇最早的国家之一，千百年来我国古代人就对雾凇有了许多称呼和赞美。早在春秋时代成书的《春秋》上就有关于"树稼"的记载，也有的叫"树介"，就是现在所称的"雾凇"。"雾凇"一词最早出现于南北朝的《字林》里，其解释为："寒气结冰如珠见日光乃消，齐鲁谓之雾凇。"这是最早见于文献记载的"雾凇"一词。

现代人对雾凇这一自然景观有许多更为形象的叫法。因为它美丽皎洁，晶莹闪烁，像盎然怒放的花儿，又被称为"冰花"；因为它在凛冽寒流袭卷大地、万物失去生机之时，像高山上的雪莲，凌霜傲雪，在斗寒中盛开，韵味浓郁，则被称为"傲霜花"；因为它是大自然赋予人类的精美艺术品，好似"琼楼玉宇"，寓意深邃，为人类带来美好的情愫，被称为"琼花"；因为它像气势磅礴的落雪挂满枝头，把神州点缀得繁花似锦，景观壮丽迷人，成为北国风光之最，它使人心旷神怡，激起各界文人骚客的雅兴，吟诗绘画，抒发情怀，被称为"雪柳"。

雾凇是受到人们普遍欣赏的一种自然美景，但是它有时也会成为一种自然灾害。严重的雾凇有时会将电线、树木压断，造成损失。

◎雨　凇

在初冬或冬末春初，人们看到空气中的雨落到离地面很近的电线杆或树枝上时立刻就凝结成了冰。于是这些物体的表面便会积一层薄薄的冰，这就是雨凇，也叫"冰凌"或"树凝"。

雨凇形成主要是因为过冷却的降水碰到温度等于或低于0℃的物体表面时而形成的。其形成机制和雾凇差不多，通常出现在阴天，多为冷雨产

雨凇奇观

生，持续时间一般较长，日变化不很明显，昼夜均可产生。雨凇比其他形式的冰粒坚硬、透明而且密度大。雨凇的结构清晰可辨，表面一般光滑，其横截面呈楔状或椭圆状，它可以发生在水平面上，也可以发生在垂直面上，与风向有很大关系，多形成于树木的迎风面上，尖端朝风的来向。根据它们的形态分为椭圆状雨凇、匣状雨凇和波状雨凇等。

雨凇是在特定的天气背景下产生的降水现象。形成雨凇时的典型天气

是微寒（0~3℃）且有雨，风力强、雨滴大，多在冷空气与暖空气交锋，而且暖空气势力较强的情况下才会发生。在此期间，江淮流域上空的西北气流和西南气流都很强，地面有冷空气侵入，这时靠近地面一层的空气温度较低（稍低于0℃），1500~3000米上空又有温度高于0℃的暖气流北上，形成一个暖空气层或云层，再往上3000米以上则是高空大气，温度低于0℃，云层温度往往在-10℃以下，即2000米左右的高空，大气温度一般为0℃左右，而2000米以下温度又低于0℃。也就是近地面存在一个逆温层。大气垂直结构呈上下冷、中间暖的状态，自上而下分别为冰晶层、暖层和冷层。

基本小知识

大 气

大气就是包裹在地球周围的空气。在地球周围聚集的一层很厚的大气分子，被称为大气圈。大气为地球上生命的繁衍、人类的发展，提供了理想的环境。

雨凇以山地和湖区多见。我国大部分地区雨凇都在12月至次年3月出现。我国年平均雨凇日数分布特点是南方多、北方少（但华南地区因冬天温暖，极少有接近0℃的低温，因此既无冰雹也无雨凇）；潮湿地区多而干旱地区少，尤以高山地区雨凇日数最多。地势较高的山区，雨凇开始的早，结束的晚，雨凇期略长。如皖南的黄山光明顶，雨凇一般在11月上旬开始，次年4月上旬结束，长达5个月之久。据统计，江淮流域的雨凇天气中，沿淮的淮北地区2~3年一遇，淮河以南7~8年一遇。但在山区，山谷和山顶差异较大，山区的部分谷地几乎没有雨凇，而山势较高处几乎年年都有雨凇发生。

◎ 雨凇的危害

雨凇是一种有观赏性的自然现象，但若持续长时间的冻雨则会带来危害。雨凇与地表水的结冰有明显不同，雨凇边降边冻，能立即黏附在裸露物的外表而不流失，形成越来越厚的坚实冰层，从而使物体负重加大，如电线结冰后，遇冷收缩，加上冻雨重量的影响，就会绷断。有时成排的电线杆被拉倒，使电讯和输电中断。公路交通因地面结冰而受阻，交通事故也因此增多。田地结冰，会冻断返青的冬麦，或冻死早春播种的作物幼苗。另外，冻雨还能大面积地破坏幼林、冻伤果树等。

雨凇造成灾害的可能性与程度，都大大超过雾凇。在高纬度地区，雨凇是常出现的灾害性天气现象。消除雨凇灾害的方法，主要是在雨凇出现时，采取人工落冰的措施，发动输电线沿线居民不断把电线上的雨凇敲刮干净，并对树木、电网采取支撑措施；在飞机上安装除冰设备或绕开冻雨区域飞行。在雨凇出现的天气里，人们应尽量减少外出，如果外出，要采取防寒保暖和防滑措施，行人要注意远离或避让机动车和非机动车辆。司机朋友在雨凇天气里要减速慢行，不要超车、加速、急转弯或者紧急制动，应及时安装轮胎防滑链。这些措施可以部分减轻雨凇带来的危害。

➡ 冰　雹

冰雹同雪一样是大气固态降水的一种形式。冰雹俗称"雹子"，有的地区称为"冷子"。通常在春夏之交或者夏季较为常见。

气象学上称"雹子"为冰雹。冰雹从外观来看是一些小如绿豆、黄豆，大似栗子、鸡蛋的冰粒。但其形状也不规则，大多数呈椭圆形或球形，但锥形、扁圆形以及不规则的形状也是常见的。气象学中通常把直径在 5 毫米以上的固态降水物称为冰雹，直径为 2~5 毫米的称为冰丸，也叫小冰雹，而把含有液态水较多、结构松软的降水物叫软雹或霰。

冰雹通常会出现在发展强盛的积雨云中。一般的积雨云可能产生雷阵雨，而只有发展特别强盛的积雨云，云体十分高大，云中有强烈的上升气体，云内有充沛的水分，才会产生冰雹，这种云通常称为冰雹云。冰雹云云层很厚，云内水汽十分丰富，上下对流强烈，云顶可伸至 10 千米以上的高空。

冰 雹

冰雹云是由水滴、冰晶和雪花组成的。一般为 3 层：①最下面一层温度在 0℃ 以上，由水滴组成；②中间层温度为 0 ~ -20℃，由过冷却水滴、冰晶和雪花组成；③最上面一层温度在 -20℃ 以下，基本上由冰晶和雪花组成。

在冰雹云中气流很强盛，通常在云的前进方向，有一股十分强大的上升气流从云底进入又从云的上部流出。还有一股下沉气流从云后方中层流入，从云底流出。这里也就是通常出现冰雹的降水区。在冰雹云中，当上升气流比较强时，它便把云层下部分的水滴带到中上层，水滴会迅速冷却，凝固成小冰晶。冰晶在下降过程中，跟过冷水滴产生碰撞，就会在小冰晶身上冻成一层不透明的冰核，这就形成了霰——冰雹的"胚胎"。如果这时霰又遇到一股上升的气流，就会再次上升到云的中上层，在这层中"胚胎"又会粘上冰晶或者雪花，在再次下降过程中遇到过冷水滴并在上述基础上包上一层冰。由于云中气流升降变化剧烈，冰雹"胚胎"就一次一次地经历着上升降落的过程，当冰雹大到一定程度时，云中的上升气流托不住的时候便会降落下来。

　　根据一次降雹过程中，多数冰雹（一般冰雹）直径、降雹累计时间和积雹厚度，将冰雹分为3级。

　　（1）轻雹：多数冰雹直径不超过0.5厘米，累计降雹时间不超过10分钟，地面积雹厚度不超过2厘米。

　　（2）中雹：多数冰雹直径为0.5～2厘米，累计降雹时间为10～30分钟，地面积雹厚度为2～5厘米。

　　（3）重雹：多数冰雹直径在2厘米以上，累计降雹时间在30分钟以上，地面积雹厚度为5厘米以上。

　　冰雹带来的影响往往有一定的范围，每次冰雹的影响范围一般宽约几十米到数千米，长约数百米到10多千米。冰雹带来的固体降水并非像雨雪那样持续的时间比较长，一般一次降雹的时间只有2～10分钟，少数在30分钟以上，而且冰雹的发生受地形的影响比较显著，地形越复杂的地区，冰雹就越容易发生。在我国，冰雹发生较多的地区主要集中在青藏高原、祁连山区、阴山、天山、太行山等地形较复杂的地区。除了以上地区之外，我国其他地区偶尔也会出现冰雹。可以说从亚热带到温带的广大气候区内都可能发生降雹，但以温带地区发生次数居多。

知识小链接

地　形

　　地形是指地物形状和地貌的总称，具体指地表以上分布的固定性物体共同呈现出的高低起伏的各种状态。地形与地貌不完全一样，地形偏向于局部，地貌则一定是整体特征。例如：鞍部是地形，山谷是地貌。

　　从时间上来看，我国各地降雹有明显的月份变化，其变化和大气环流的月变化及季风气候特点相一致，降雹区是随着南支急流的北移而北移，而且各个地区降雹的到来要比雨带到来早1个月左右。一般来说，福建、广东、广西、海南、台湾在3~4月，江西、浙江、江苏、上海在3~8月，湖南、贵州、云南一带，新疆的部分地区在4~5月，秦岭、淮河的大部分地区在4~8月，华北地区及西藏部分地区在5~9月，山西、陕西、宁夏等地区在6~8月，广大北方地区在6~7月，青藏高原和其他高山地区在6~9月，为多冰雹月。另外，由于降雹有非常强的局地性，所以各个地区以至全国年际变化都很大。在同一地区，有的年份连续发生多次降雹，有的年份却发生次数很少，甚至不发生。

冰雹会给人们的生产生活带来一定的危害。冰雹灾害是由强对流天气系统引起的一种剧烈的气象灾害，它出现的范围虽然较小，时间也比较短促，但来势猛、强度大，并常常伴随着狂风、强降水、急剧降温等阵发性灾害性天气过程。我国是冰雹灾害频繁发生的国家，冰雹每年都给农业、建筑、通讯、电力、交通以及人民生命财产带来巨大损失。据有关资料统计，我国每年因冰雹所造成的经济损失达几亿元甚至几十亿元。

许多人在雷暴天气中曾遭遇过冰雹，通常这些冰雹最大不会超过垒球大小，它们从暴风雨云层中落下。然而，有的时候冰雹的体积却很大，曾经有36千克的冰雹从天空中降落，当它们落在地面上时又会分裂成许多小块。最神秘的是天空无云层状态下巨大的冰雹从天空垂直落下，曾有许多事件证实飞机机翼遭受冰雹袭击，但科学尚无法解释为什么会出现如此巨大的冰雹。

彩 虹

"赤橙黄绿青蓝紫，谁持彩练当空舞？雨后复斜阳，关山阵阵苍。"这是毛泽东的诗词对彩虹的描写。短短24个字，把阵雨初晴、斜阳晚照、群峰滴翠、彩虹挂天的美丽景色描写得淋漓尽致。

对于虹的观察，我国已有非常悠久的历史。河南安阳出土的甲骨文中就有关于虹的记载。但对虹的成因却没有解释。古时候，人们以为虹是天空中雨后出现的蛟龙，以至于给"虹"字带上了虫字旁，并一直沿用至今。在西方，人们把虹当成了"空中的精灵"，例如古代的希腊人就认为虹是"女神的微笑"。

唐朝时期，有人这样描述道："若云薄漏日，日照雨滴则虹生。"这是第一次用朴素的自然原理给虹一个定义。人们已经认识到虹是由日照雨滴形成的，并非是天上的蛟龙。虽然这种说法并不是特别准确，但揭去了虹的神秘色彩，让人们对虹有了新的认识。在欧洲，英国科学家罗吉尔·培根（1214～1292）指出虹是由太阳光照射空中的雨滴，发生反射和折射现象而形成的。法国科学家笛卡尔在1637年发现水滴的大小不会影响光线的折射。他以玻璃球注入水来进行实验，得出水对光的折射指数，用数学证明彩虹的主虹是水点内的反射而形成，副虹则是2次反射形成。他计算出彩虹的角度，但未能解释彩虹的七彩颜色。后来牛顿以玻璃棱镜展示了太阳光散射成彩色，至此关于彩虹形成的光学原理全部被发现。

那么，天空中美丽的七色彩虹到底是如何形成的呢?

虹是大家最熟悉的大气光学美景之一。只要有太阳光来自身后，照射到对面正在或刚下过雨的雨滴幕上，就会出现一条内紫外红的七色彩虹。彩虹的形成，主要是由于太阳光在圆形的雨滴内经过折射，又回到观察者的眼中的结果。由于不同颜

雨后彩虹

色的光线波长不同，它们在雨滴中折射的程度也稍有差别。因此对观察者来说，不同高度的雨滴便会出现不同的颜色。在雨滴幕上彩虹区的最上部雨滴是红色，然后依次是橙、黄、绿、青和蓝色，最下部的雨滴便是紫色。人们在日常生活中也常见到彩虹，例如，在人工喷泉和天然瀑布的旁边也可以看到彩虹。

彩虹常见的有主虹和副虹两种。如果同时出现，主虹位于内侧，副虹位于外侧。主虹称为"虹"，由阳光射入水滴，经一次反射和两次折射而被分散为各色光线所致，色带排列是外红内紫。副虹称为"霓"，由阳光射入水滴经两次折射和两次反射所致，因为多了一次反射，所以光带色彩就不如主虹鲜明，色带排列是内红外紫。

曾经有人见过 4 条彩虹并列在空中的奇景。当时天空中是一片乌云，后来从海面上突然吹来了一阵充满水滴的风，一瞬间乌云下出现了太阳，整个天空中立刻横贯一条光彩夺目的虹。同时，在它的不远处的上方生成了色彩倒排的双虹，这虹是由日光在河面上反射而形成的。数分钟后，在主虹内侧直接相连处生成了狭细的第三条虹，以后又出现了第四条虹，但其宽度只有第一道虹的 $\frac{1}{3}$，色彩的浓度也变淡了许多。

虹并非在所有情况下都是五光十色的。当云雾由细小水滴组成时，透过水滴的光产生衍射，会使各种色彩混合在一起，这时看到的虹就不一定是彩色的了，它很可能变成了白色或乳白色。临近黄昏时分，残阳如血，橙红色的光芒射入东边的云天里，这时在云中隐现的虹有可能变成赤铜色。如果留心，你会发现各种各样的虹的奇观呢！

曾有科学家用照相机拍到过一张白虹的照片。这是一种极罕见的现象。形成白虹的原因，是由于彩虹光线射过细小水滴产生衍射作用，使射出的绿色光的角度扩大，结果绿色光域重合在扩大了的红色光域和蓝色光域上面。在极端情形下，所有颜色重合在一起，便形成了宽阔的白虹。

一般人总以为只有在白天才能见到虹，但实际上虹在夜间也可能发生，当然比较罕见，色彩也很暗淡。当月明星稀的夜间，一场阵雨过后，你若背对着月亮留心观察，有时就可以看到虹，这种虹又叫月虹或夜虹。

1984年9月11日20时许，在我国大连市的某一小镇，人们惊奇地发现西方天空中出现了一条夜虹，气象站的气象人员目睹了这一奇观。由于是夜晚，光带色彩不太分明，但仍可观察到其上层的淡红色以及下层的淡绿色。当夜是农历的八月十六，月亮正圆，色清如水，把山川村镇映照得清清楚楚。当时为阵雨初霁，又过了四五分钟，随着云层的移动，月虹便慢慢消失了。

虹与天气

虹出现的方位、时间和变化与未来天气有直接的关系。这一现象，我们的祖先很早就发现了。

我国古代典籍《诗经》中就有"朝霁于西，崇朝其雨"的诗句。意思是，如果早晨太阳东升时，西方出现了彩虹，那么不久就要下雨了。这种观察，可以说是细致入微的，从理论上讲，也是符合科学道理的。由于大气环流的作用，在5 000米以下的高空有一个完整的西风带，这里的风不管春夏秋冬永远由西向东吹。所以发生在西方的阴雨天气，总要受到这个西风带的影响，经过我们所处之地的天空往东方运动。因此，只要发现西方有降水，往往不久就会影响到本地。特别是夏季，经常会发生这样的情景：东边天爽气清，阳光明媚，一片灿烂；而西边则是电闪雷鸣，雨帘悬空，彩虹高挂。唐代诗人刘禹锡的诗"东边日出西边雨，道是无晴却有晴"，便是对这种天气的形象写照。

因此根据虹出现的方位和变化，可以预测未来的天气。谚语有"东虹日头西虹雨"的说法，就是说东方出现虹，天空将变晴，而在西方出现虹则天空将继续下雨。"云吃虹，大雨淋；虹吃云，晒煞人"。云"吃"虹，说明大气中云层增厚，使彩虹消失，因此有可能继续降雨；虹"吃"云，则说明云在彩虹的映照下慢慢消散，天空很快就会转晴。

彩　霞

在太阳升起或夕阳西下的时候，太阳附近的部分天空，常常出现绚丽的光彩，在天边构成一幅扇形的美妙景象，这就是五彩缤纷的彩霞。早晨出现在东方天空的称为"朝霞"，傍晚出现在西方天空的称为"晚霞"。

彩霞是空气分子散射太阳光的杰作。日出和日落时，太阳光透过较厚的大气层才能照射到地平线附近的天空，当太阳光透过大气层时，由于蓝色光、紫色光和青色光的波长较短，被空气分子散射减弱得最厉害，则到达地平线上空时已所剩无几，余下来的红色光、橙色光、黄色光和绿色光的波长较长，被空气分子散射减弱较小，大部分能够透过空气分子，这些透过空气分子的彩色太阳光，照射在天空中、云层上，便形成了鲜艳夺目的彩霞。

当空气中的尘埃、水汽等杂质越多时，其色彩越显著。如果有云层，云块也会染上橙红艳丽的颜色。在 19 世纪，印度尼西亚的某个岛上，发生了一

拓展阅读

火烧云

火烧云是日出或日落时出现的赤色云霞。火烧云属于低云类，是大气变化的现象之一。它常出现在夏季，特别是在雷雨之后的日落前后，在天空的西部。由于地面蒸发旺盛，大气中上升气流的作用较大，使火烧云的形状千变万化。火烧云的色彩一般是红彤彤的。火烧云的出现，预示着天气暖热、雨量丰沛、生物生长繁茂的时期即将到来。

次强烈的火山爆发。岛上将近一半的地方遭受到严重地破坏，火山喷发出大量的微小尘埃飞扬到高空，漂洋过海，遍布世界各地，由于这些飘浮于空中的微小尘埃的散射作用，所以那一年世界上很多受它影响的地方所看到的彩霞都特别美丽。

　　由于彩霞的颜色和鲜艳程度与空气中水汽的含量、尘埃杂质多少有关，因此彩霞的色彩和出没对天气变化有一定的指示意义。谚语"朝霞不出门，晚霞行千里"，就是说朝霞预兆雨天，晚霞预示晴天。那么这是为什么呢？

　　早晨出现鲜红的朝霞，说明大气中水滴比较多，预示天气将要转雨。大气中水汽过多，会使阳光中一些波长较短的青光、蓝光、紫光被大气散射掉，只有红光、橙光、黄光穿透大气，天空染上红橙色，形成红色的朝霞。红色的朝霞出现表示云雨将要移来，所以"朝霞不出门"。如果出现火红色或金黄色的晚霞，表明西方已经没有云层，阳光才能透射过来形成晚霞，因此预示天气将要转晴，所以"晚霞行千里"。

大气运动与天气

　　天气是指经常不断变化着的大气状态，既是一定时间和空间内的大气状态，也是大气状态在一定时间间隔内的连续变化。所以天气可以理解为天气现象和天气过程的统称。天气现象是指在大气中发生的各种自然现象，即某瞬时内大气中各种气象要素（如气温、气压、湿度、风、云、雾、雨、雪、霜、雷、雹等）空间分布的综合表现。天气过程就是一定地区的天气现象随时间的变化过程。

◑ 与天气有关的概念

　　天气总是处于不断的变化之中，在几分钟之内，可能由阳光灿烂转变为风云突起。同一时刻，各地的天气及其变化差别也很大，"夏雨隔牛背"、"十里不同天"就是这种差别的生动写照。天气虽然千变万化，但它是大气的动力过程和热力过程的综合结果，是有规律可循的。

　　在现代科学基础上发展起来的天气学，就是研究天气变化规律，并用科学方法进行天气预报的一门学问。现在不仅可以通过遍布全球的气象站网来观察天气的变化；还可以通过气象雷达、气象卫星等先进探测工具探测大范围的天气变化；并且可运用高速电子计算机求解大气动力方程组，从而制作大范围以至全球的数值天气预报。人们并不满足于预知未来的天气变化，从20世纪40年代以来，科学家们逐步开展了人工影响天气的科学试验。但是，天气变化还有许多未知的领域，需要人们去探索、去认识。

　　为了更好地认识天气，我们首先介绍几个和天气有关的基本概念。

◎ 天气系统

　　天气系统是具有一定的温度、气压或风等气象要素空间结构特征的大气运动系统。气象卫星观测资料表明，大大小小的天气系统相互交织、相互作用，并在大气运动过程中演变着。最大的天气系统范围可达2000千米以上，最小的却不到1千米。尺度越大的系统，生命史越长；尺度越小的系统，生命史越短。较小系统往往是在较大系统的孕育下形成、发展起来的，而较小系统发展、壮大以后，又给较大系统以反作用，彼此相互联系，相互制约，关系错综复杂。

各类天气系统，都是在一定地理环境中形成、发展和演变着的，都具有一定的地理环境的特性。比如极地和高纬地区，终年严寒、干燥，这一环境特性成为极地和高纬地区的低槽和低空冷、高压系统形成、发展的必要条件。赤道和低纬地区，终年高温、潮湿，大气处于不稳定状态，是对流天气系统形成、发展的重要基础。中纬度处于冷暖气流交汇地带，不仅冷、暖气团频繁交替，而且使锋面、气旋系统得以形成、发展。

天气系统的形成、活动，反过来又会给地理环境以影响。因而，认识和掌握天气系统的结构、组成、运动变化规律以及同地理环境间的相互关系，了解气候的形成、变化和预测地理环境的演变，都是十分重要的。

◎ 天气图

天气图是指填有各地同一时间气象要素的特制地图。在天气图底图上，填有各城市观测站的位置以及主要的河流、湖泊、山脉等地理标志。气象科技人员根据天气分析原理和方法进行分析，从而揭示主要的天气系统，天气现象的分布特征和相互的关系。天气图是目前气象部门分析和预报天气的一种重要工具。

知识小链接

气象要素

气象要素指表明大气物理状态、物理现象的各项要素。主要有：气温、气压、风、湿度、云、降水以及各种天气现象。扩大气象要素的概念，则它还可以包括日射特性、大气电特性等大气物理特性；还有自由大气中的气象要素的说法。气象要素原则上还可以包括无法测定，但可求算的各基本要素的函数，如相当温度、位温和空气密度等。

天气图一般分为地面天气图、高空天气图和辅助图三类。地面天气图，用于分析某大范围地区某时的地面天气系统和大气状况。高空天气图，用于分析高空天气系统和大气状况。辅助图，有热力学图表、剖面图、变量图等。

◎ 天气预报

天气预报是根据大气科学的基本理论和技术对某一地区未来的天气作出的分析和预测。准确及时的天气预报对经济建设、国防建设、保障人民生命财产安全等方面有极大的社会和经济效益。

按照天气预报的时效长短，可分为短时预报、短期预报、中期预报和长期预报。短时预报根据雷达、卫星探测资料，对局地强风暴系统进行实况监测，预报天气 1~6 小时的动向。短期预报是对未来天气 1~2 天的预报。中期预报是对未来 3~15 天的预报，主要包括受何种天气过程影响，能否出现灾害性天气，以及主要的天气变化趋势。长期预报主要应用统计方法，根据各月气象要素平均值与多年平均值的偏差进行预报。预报时效为 1~5 年的称超长期预报，5 年、10 年以上的称气候展望。

拓展阅读

气象卫星云图

气象卫星云图是以气象卫星之仪器拍摄大气中的云层分布，来寻找天气系统并验证地面天气图绘制的正确性。除此之外还可以用来观测海冰分布、确定海面温度等与中长期天气预报相关的海洋资料。此技术为可在单一影像上显现各种尺度天气现象，为天气分析与预报提供非常有益的遥测资料。大致而言，卫星云图可分为红外线卫星云图、可见光卫星云图以及色调强化卫星云图。

◑▶ 影响天气的气团

　　从地表广大区域来看，存在于水平方向上物理性质（温度、湿度、稳定度等）比较均匀的大块空气，它的水平范围常可达几百到几千千米，垂直范围可达几千米到十几千米，水平温度差异小，1000千米范围内的温度差异小于10~15℃，这种性质比较均匀的大块空气叫作气团。

◎ 气团形成的条件

　　气团形成需要具备两个条件：

　　（1）有大范围性质比较均匀的下垫面，如辽阔的海洋、无垠的大沙漠、冰雪覆盖的大陆和极区等都可以成为气团形成的源地。下垫面向空气提供相同的热量和水汽，使其物理性质较均匀，因而下垫面的性质决定着气团属性。在冰雪覆盖的地区往往形成冷而干的气团；在水汽充沛的热带海洋上常常形成暖而湿的气团。

　　（2）有使大范围空气能较长时间停留在均匀的下垫面上的环流条件，以使空气能有充分时间和下垫面交换热量和水汽，取得和下垫面相近的物理特性。例如，亚洲北部西伯利亚和蒙古等地区，冬季经常为移动缓慢的高压所盘踞，那里的空气从高压中心向四周流散，使空气性质渐趋一致，形成干、冷的气团，成为我国冷空气的源地；又如我国东南部的广大海洋上，比较稳定的太平洋副热带高压，是形成暖湿热带海洋气团的源地；较长时间静稳无风的地区，如赤道无风带或热低压区域，风力微弱，大块空气能长期停留，形成高温高湿的赤道气团。

　　在上述条件下，通过一系列的物理过程（主要有辐射和对流、蒸发和凝结，以及大范围的垂直运动等），才能将下垫面的热量和水分输送给空气，使空气获得与下垫面性质相适应的比较均匀的物理性质，形成气团。这些过程有的是发生于大气与下垫面之间的，有的是发生于大气内部的。

基本小知识

下 垫 面

下垫面是指与大气下层直接接触的地球表面。大气圈以地球的水陆表面为其下界，称为大气层的下垫面。它包括地形、地质、土壤和植被等，是影响气候的重要因素之一。

◎ 气团的变性

气团在源地形成后，要离开它的源地移到新的地区。随着下垫面性质以及大范围空气的垂直运动等情况的改变，气团的性质也将发生相应的改变。例如，气团向南移动到较暖的地区时，会逐渐变暖；而向北移动到较冷的地区时，会逐渐变冷。气团在移动过程中性质的变化，称为气团的变性。

不同气团，其变性的快慢是不同的，即使是同一气团，其变性的快慢还和它所经下垫面性质与气团性质差异的大小有关。一般说来，冷气团移到暖的地区变性较快，在这种情况下，冷气团低层变暖，趋于不稳定，乱流和对流容易发展，能很快地将低层的热量传到上层；相反，暖气团移到冷的地区则变冷较慢，因为低层变冷趋于稳定，乱流和对流不易发展，其冷却过程主要靠辐射作用进行。从大陆移入海洋的气团容易取得蒸发的水汽而变湿，而从海洋移到大陆的气团，则要通过凝结及降水过程才能变干，所以气团的变干过程比较缓慢。冬季影响我国的冷空气，都已不是原来的西伯利亚大陆气团，而是变性了的大陆气团。

气团在下垫面性质比较均匀的地区形成，又因离开源地而变性。气团总是在或快或慢地运动着，它的性质也总是在或多或少地变化着，气团的变性是绝对的，而气团的形成只是在一定条件下获得了相对稳定的性质而已。由于我国大部分地区处于中纬度，冷暖空气交替频繁，缺少气团形成的环流条件，同时地表性质复杂，很少有大范围均匀的下垫面作为气团的源地，因而活动在我国境内的气团，严格地说都是从其他地区移来的变性气团。

🔵◎ 气团的分类和特性

为了分析气团的特征、分布移动规律，常常对地球上的气团进行分类。分类的方法大多采用热力分类法和地理分类法两种。

（1）热力分类法：气团按其热力特性可分为冷气团和暖气团两大类。凡是气团温度低于流经地区下垫面温度的，叫冷气团；相反，凡是气团温度高于流经地区下垫面温度的，叫暖气团。这里所谓冷、暖均是比较而言，至于温度低到多少度才是冷气团，

盘状旋涡气团

温度高到多少度才是暖气团，则没有绝对的数量界限。一般形成在冷源地的气团是冷气团，形成在暖源地的气团是暖气团。两气团相遇，温度低的是冷气团，温度高的是暖气团。

（2）地理分类法：根据气团形成源地的地理位置，对气团进行分类，称

为气团的地理分类。按这种分类法，气团分成北极气团、温带气团、热带气团、赤道气团四大类。由于源地地表性质不同，又将每种气团（赤道气团除外）分为海洋性和大陆性两种，这样总共分为 7 种气团。

①北极大陆气团：源地在北极附近的冰雪表面上，特点是温度低、气压高、湿度小、气层稳定。当它侵入一个地区时，就形成寒潮。我国境内看不到它的活动。

②北极海洋气团：源地也在北极地区，是北冰洋未封冻时所形成的，它的特点是比前者温度稍高，湿度较大，多在高纬度地区活动。

③温带大陆气团：源地在西伯利亚和蒙古。冬季，这种气团形成于强烈冷却的、积雪覆盖的大陆表面上。低层温度很低，有强烈逆温现象，空气层稳定。夏季，受大陆热力状况的影响，空气层不稳定。冬季出现在我国东北地区北部、新疆北部和内蒙古地区。影响我国的多是变性温带大陆气团，势力强，维持时间长，影响范围广，是我国冷空气活动的主要来源。

④温带海洋气团：源于温带洋面，冬夏情况有显著不同。冬季低层接触洋面，温度较高，湿度较大，常不稳定，易形成对流云，有时产生降水；夏季与温带大陆气团性质差不多，对我国影响不大。

⑤热带海洋气团：它是源于热带或副热带海洋上的气团。特征是温度高，湿度大，影响我国的是变性热带海洋气团。夏季，它是控制我国天气的主要气团之一，在它控制下，可以出现干旱、晴热的天气，当它的北缘与变性温带气团相遇时，可出现降水天气。

⑥热带大陆气团：主要源于副热带沙漠地区。如中亚、西南亚、北非撒哈拉沙漠等地。特征是炎热、干燥。夏季常影响我国西北地区，它是最干热的气团。

⑦赤道气团：形成于赤道附近的洋面，具有高温高湿的特征。盛夏时，它影响我国华南一带，天气湿热，常有雷雨产生。

◎ 气团活动和气团天气

由于不同的气团具有不同的温度、湿度和压力等物理特性，在它们控制下的地区，分别具有不同的天气特点。例如，当冷气团向南移行至另一地区时，不仅会使这个地区变冷，且由于气团底部增暖，使该地区上空气层的稳定度减小，产生不稳定性天气。当暖气团向北移行至另一地区时，不仅会使这个地区变暖，且由于气团底部变冷，会使该地区上空气层的稳定度增大，产生稳定性天气。但冷、暖气团的天气特征在不同季节、不同地区有相当大的差别。例如，夏季暖空气，如遇外力抬升，可出现阵雨、雷暴等不稳定性天气；冬季的冷气团，如果气层稳定，逆温深厚，可以产生稳定性天气。

我国大部分地区处于中纬度地区，冷、暖气流交绥频繁，缺少气团形成的环流条件；同时地表性质复杂，没有大范围均匀的下垫面可作气团源地，因而，活动在我国境内的气团，大多是从其他地区移来的变性气团，其中最主要的是极地大陆气团和热带海洋气团。

冬半年通常受极地大陆气团影响，它的源地在西伯利亚和蒙古，我们称之为西伯利亚气团。这种气团的特征为很强的冷性反气旋，中低空有下沉逆温，它所控制的地区，天气干冷。当它与热带海洋气团相遇时，在交界处构成阴沉多雨的天气，冬季华南地区常见到这种天气。热带海洋气团影响到华南、华东和云南等地，其他地区除高空外，它一般影响不到地面。北极气团也可南下侵袭我国，造成气温急剧下降的强寒潮天气。

夏半年，西伯利亚气团在我国长城以北和西北地区活动频繁，它与南方热带海洋气团交绥，是构成我国盛夏南北方区域性降水的主要原因。热带大陆气团常影响我国西部地区，被它持久控制的地区，就会出现严重干旱和酷暑。来自印度洋的赤道气团，可造成长江流域以南地区大量降水。

春季，西伯利亚气团和热带海洋气团两者势力相当，互有进退，因此是锋系及气旋活动最盛的时期。

秋季，变性的西伯利亚气团占主要地位，热带海洋气团退居东南海上，我国东部地区在单一的气团控制下，出现全年最宜人的秋高气爽的天气。

影响天气的气压带和活动中心

在任何表面上，由于大气的重量所产生的压力，也就是单位面积上所受到的力，叫作大气压。其数值等于从单位底面积向上，一直延伸到大气上界的垂直气柱的总重量。气压是重要的气象要素之一。

某地的气压值，等于该地单位面积上大气柱的重量。高度愈高，压在其上的空气柱愈短，气压也就愈低。因此，气压总是随着高度的增加而降低的。在海平面的大气压大约760毫米水银柱高，而在55千米的高空气压大约是380毫米水银柱高。这就是登山运动员在攀登高峰时，愈接近顶峰，愈感到呼吸困难的道理。一般在低层大气中，上升相同距离气压降低的数值大，而在高层大气中，降低的数值小。据实测，在近地面，高度每升高100米，气压平均降低约95毫米水银柱高；在高层则小于这个数值。空气密度大的地方，气压随高度降低得快，空气密度小的地方则相反。

气压随着时间的不同而改变，既包含气压的周期性变化，也包含气压的非周期性变化。所谓气压的周期性变化，是指气压随时间的改变而呈现规律性波动。比如气压在一昼夜之内的日变化情况。一天中总有一个最高值，出现在上午9~10点，之后气压开始下降，到下午15~16点时出现一天气压的最低值。以后气压又开始缓慢上升，到21~22点再现一天中气压的次高值，次日凌晨3~4点则出现次低值。

气压在一年之内的季节变化情况也属于周期性的变化。这种气压的年变化以中纬度地区最为明显。

　　所谓气压的非周期性变化，是指气压变化不存在固定的周期。实际的气压变化是这两种变化因素综合作用的结果。但这两种变化所起的作用不同，在任何情况下，必有一种变化是主要的。如热带地区，气压的周期性变化较明显；中纬度地区，气压的非周期性变化较大。然而这种情况也不是固定的，有时双方还会互相转化。

知识小链接

发现气压的伟大意义

　　大气具有重量，并且向我们施加压力，这是一件非常简单并且似乎显而易见的现象。然而，人们却感觉不到。气压已经成为我们生活中的一部分，但我们意识不到它。早期的科学家也是这样，没有考虑到空气有重量。

　　科学家埃万杰利斯塔·托里拆利的发现是正式研究天气和大气的开端。他让我们开始了解大气层，并为牛顿和其他科学家研究重力奠定了基础。

　　这一新发现同时使托里拆利创立了真空的概念，并发明了气象研究的基本仪器——气压计。

　　我们知道地球上不同纬度地区所得到的太阳辐射是不同的。而且气温的高低也随纬度而变化，同时气压也跟着变化。

　　辐射越强，气温越高；辐射越弱，气温越低。

　　纬度越低，气温越高；纬度越高，气温越低。

　　气温越低，气压越高；气温越高，气压越低。

　　大气总是由气压高的地方，流向气压低的地方，从而在地球上形成不同的气压带和风带。

　　（1）1个赤道低气压带：在赤道及其两侧，是太阳高度角最大的地带。这里受太阳光热最多，地面增温也高，接近地面的空气受热膨胀上升，空气减少，气压降低。这样在南北纬5°之间的地区，就形成了一个低气压带——赤道低气压带。

（2）2个副热带高气压带：由赤道低气压带上升的气流，因气温随高度而降低，空气渐重，在距地面4~8千米处大量聚集，转向南北方向扩散运动，同时受重力影响，故气流边前进，边下沉，各在南北纬30°附近沉到近地面，使低空空气增多，气压升高，便形成了南北两个副热带高气压带。

（3）2个极地高气压带：在地球南北两极及其附近是纬度最高的地区，这里的太阳高度角最小，接受的太阳光热也最少，终年低温，空气冷重下沉，地面空气多，气压较高，因而形成南北两个极地高气压带。

（4）2个副极地低气压带：这个气压带在南北纬60°附近。由于来自副热带高气压带的热空气向北移动，来自极地高气压带的冷空气南下，两者相遇热空气被迫抬升地面形成低压而形成的。

这样，在假设不自转的地球上，就形成了上述的7个气压带。

地球是在一刻也不停地自转和公转着。因此，在上述7个气压带的形成过程中就伴随着空气的运动。而空气运动的方向总是从高压指向低压。因为大气紧紧围绕着地球表面，大气在从高压区流向低压区的运动过程中，同时也随着地球一同自西向东转动着。这样大气还要受到一个由于地球自转而产生的力的影响，这个力就是地球的自转偏向力，它在北半球总是使运动着的大气向右偏斜，在南半球总是向左偏斜。这样，风的运动方向就不是正直的由高压指向低压，而是在北半球发生了右偏，北风变成了东北风；南半球发生了左偏，南风变成了东南风。

由于地球表面的不均匀，使得气压带和风带不那么完整，发生了破裂。特别是地球表面上辽阔的大陆和浩瀚的海洋，更对气压带有很大的破坏性。

由于海陆热力性质的差异，使得海陆冬夏的增温和冷却有明显的不同。冬季，大陆冷海上热，形成陆上高压，海上低压；夏季，大陆增热快海上增热慢，形成大陆低压，海上高压。亚欧大陆冬夏的气压形势转换，就是这样形成的。在世界范围内，北半球的冬季和夏季分别形成不同的高压或低压活动中心。冬季，在亚欧大陆上的西伯利亚高压和北美大陆上的北美高压，到夏季就消失了。大陆上出现了南亚低压和北美低压。而太平洋高压和大西洋高压冬、夏常存，只不过强度不同而已。

冬夏的这些高、低气压区，对于这些地区气候的形成有很大的影响。例如，冬季西伯利亚高气压，成为冷空气的源地之一，对我国冬季天气影响很大；夏季太平洋高压是暖空气的源地，对我国夏季天气影响也很大。

◤ 锋与天气

锋是冷暖气团之间的狭窄、倾斜过渡地带。因为不同气团之间的温度和湿度有相当大的差别，而且这种差别可以扩展到整个对流层，当性质不同的两个气团，在移动过程中相遇时，它们之间就会出现一个交界面，叫作锋面。锋面与地面相交而成的线，叫作锋线。一般把锋面和锋线统称为锋。所谓锋，也可以理解为两种不同性质的气团的交锋。

由于锋两侧的气团在性质上有很大差异，所以锋附近空气运动活跃，在锋中有强烈的升降运动，气流极不稳定，常造成剧烈的天气变化。因此，锋是重要的天气系统之一。

锋是三维空间的天气系统。它并不是一个几何面，而是一个不太规则的倾斜面。它的下面是冷空气，上面是暖空气。由于冷空气比暖空气重，因而，它们的交接地带就是一个倾斜的交接地区。这个交接地区靠近暖气团一侧的界面叫锋的上界，靠近冷气团一侧的界面叫锋的下界。上界和下界的水平距离称为锋的宽度。它在近地面层中宽约数十千米，在高层可达 200～400 千米。而这个宽度与其水平长度相比（长达数百到数千千米）是很小的。因此，人们常把它近似地看成一个面，称为锋面。锋面与空中某一平面相交的区域称为锋区（上界和下界之间的区域）。

◎ 锋面的特征

锋是两种性质不同的气团相互作用的过渡带。因而锋两侧的温度、湿度、稳定度以及风、云、气压等气象要素具有明显差异，可以把锋看成是大气中气象要素的不连续面。

（1）锋面有坡度：锋面在空间向冷区倾斜，具有一定坡度。锋在空间呈倾斜状态是锋的一个重要特征。锋面坡度的形成和保持是地球自转偏向力作用的结果。一般锋面的坡度很小，锋面所遮掩的地区却很大。如坡度为百分之一，锋线长为1000千米、高为10千米的锋，其掩盖的面积可达100万平方千米；由于有坡度，可使暖空气沿倾斜面上升，为云雨天气的形成提供有利条件。

（2）气象要素有突变：气团内部的温、湿、压等气象要素的差异很小，而锋两侧的气象要素的差异很大。

①温度场：气团内部的气温水平分布比较均匀，通常在100千米内的气温差为1℃，最多不超过2℃。而锋附近区域内，在水平方向上的温度差异非常明显，100千米的水平距离内可相差近10℃，比气团内部的温度差异大5～10倍；在垂直方向上，气团中温度垂直分布是随高度递减的。然而锋区附近，由于下部是冷气团，上部是暖气团，锋面上下温度差异比较大，锋面往往是逆温层。

②气压场：锋面两侧是密度不同的冷、暖气团，因而锋区的气压变化比气团内部的气压变化要大得多。锋附近区域气压的分布不均匀，锋处于气压槽中，等压线通过锋面有指向高压的折角，或锋处于两个高压之间气压相对较低的地区，等压线几乎与锋面平行。

③锋附近风场：风在锋面两侧有明显的逆向转变，即由锋后到锋前，风向呈逆时针方向变化。

（3）锋面附近天气变化剧烈：由于锋面有坡度，冷暖空气交绥，暖空气可沿坡上升或被迫抬升，且暖空气中含有较多的水汽，因而空气绝热上升，水汽凝结，易形成云雨天气。由于锋面是各种气象要素水平差异较大的地区，能量集中，天气变化剧烈。所以锋是天气变化剧烈的地带。

◎ 锋的类型

关于锋的分类，目前主要有两种分类方法：

（1）根据锋面两侧冷暖气团的移动方向及结构状况，锋可以分为下列4种。

①冷锋：它是冷气团向暖气团方向移动的锋。暖气团被迫上滑，锋面坡度较大，冷暖两方中，冷气团占主导地位。

②暖锋：它是暖气团向冷气团方向移动的锋。暖气团沿冷气团向上滑升，锋面坡度较小，冷暖两方中，暖气团占据主导地位。

③准静止锋：它是冷暖气团势力相当，使锋面呈来回摆动，这种锋的移动速度很小，可近似看作静止。

④锢囚锋：冷锋追上暖锋，将地面空气挤至空中，地面完全为冷空气所占据，造成冷锋后面冷空气与暖锋前部的冷空气相接触的锋面。如果前面的冷气团比较暖湿，后面的冷气团比较寒干，则后面的冷气团就楔入前面冷气团的底部，形成冷锋式锢囚锋；如果后面的冷空气不如前面的冷空气那样冷而干，则后面相对暖的冷气团会滑行于前面冷气团之上，形成暖式锢囚锋。

（2）按照锋所处的地理位置，从北到南分为：北极（冰洋）锋、温带锋（极锋）、热带锋。

①北极锋是北冰洋气团和极地气团之间的界面，处于高纬地区，势力较弱，位置变化不大。

②温带锋是极地气团和热带气团之间的界面，冷暖交绥强烈，位置变化大，对中纬地区影响很大。

③热带锋是赤道气流和信风气流之间的界面，由于两种气流之间的温差

小，以气流辐合为主，可称为辐合线。它有位置的季节变化，夏季移至北半球，冬季移至南半球。多出现在海上，是热带风暴的源地。

此外，还有处于空中的副热带锋，处于特定条件下的地中海锋等。

知 识 小 链 接

辐 合 线

辐合线是指呈线状延伸的气流汇合地带，主要由空气流向、空气流速的差异所致。地面的辐合线上气流常汇合上升，使天气阴沉多雨。

◎ 冷锋与冷锋云系

冷锋是冷气团向暖气团方向移动形成的锋面。根据冷气团移动的快慢不同，冷锋又分为两类：移动慢的叫第一型冷锋或缓行冷锋，移动快的叫第二型冷锋或急行冷锋。

（1）第一型冷锋：这种锋面处于高空槽线前部，多稳定性天气。这种锋移动缓慢，锋面坡度不大，锋后冷空气迫使暖空气沿锋面平稳地上升，当暖空气比较稳定，水汽比较充沛时，会形成与暖锋相似的范围比较广阔的层状云系，只是云系出现在锋线后面，而且云系的分布次序与暖锋云系相反，降水性质与暖锋相似，在锋线附近降水区内还常有层积云、碎雨云形成。降水区出现在锋后，多为稳定性降水。如果锋前暖空气不稳定时，在地面锋线附近也常出现积雨云和雷阵雨天气。夏季，在我国西北、华北等地以及冬季我国南方地区出现的冷锋天气多属这一类型。

（2）第二型冷锋：这是一种移动快、坡度大的冷锋。锋后冷气团移动速度远较暖气团快，它冲击暖气团并迫使其强烈上升。而在高层，因暖气团移速大于冷空气，出现暖空气沿锋面下滑现象，由于这种锋面处于高空槽后或槽线附近，更加强了锋线附近的上升运动和高空锋区上的下沉运动。夏季，在这种冷锋的地面锋线附近，一般会产生强烈发展的积雨云，出现雷暴，甚至冰雹、飑线等对流性不稳定天气。而高层锋面上，则往往没有云形成。所以第二型冷锋云系呈现出沿着锋线排列的狭长的积状云带，在地面锋线前方也常常出现高层云、高积云、积云。这种冷锋过境时，乌云翻滚，狂风大作，电闪雷鸣，大雨倾盆，气象要素发生剧变。这种天气历时短暂，锋线过后，天空豁然晴朗。在冬季，由于暖气团湿度较小，气温不可能发展成强烈不稳定天气，只在锋线前方出现卷云、卷层云、高层云、雨层云等云系。当水汽充足时，地面锋线附近可能有很厚、很低的云层和宽度不大的连续性降水。地面锋过境后，云层很快消失，风速增大，并常出现大风。在干旱的季节，空气湿度小，地面干燥、裸露，还会有沙暴天气。这种冷锋天气多出现在我国北方的冬、春季节。

冷锋在我国活动范围甚广，几乎遍及全国，尤其在冬半年，北方地区更为常见，它是影响我国天气的最重要的天气系统之一。冬季我国大陆上空气干燥，冷锋大多从俄罗斯、蒙古进入我国西北地区，然后南下，从西伯利亚带来的冷空气与当地较暖的空气相遇，在锋面上很少形成降水，所以冬季寒潮冷锋过境时，只形成大风降温天气。冬季时多第二型冷锋，影响范围可达华南，但移到长江流域和华南地区后，常常转变为第一型冷锋或准静止锋。夏季时多第一型冷锋，影响范围较小，一般只达黄河流域，我国北方夏季雷阵雨天气和冷锋活动有很大的关系。

➧◎ 暖锋与暖锋云系

当暖气团前进，冷气团后退，这时形成的锋面为暖锋。暖锋的坡度很小。由于暖空气一般都含有比较多的水汽，且又起主导作用，主动上升前进，在冷气团之上慢慢地向上滑升可以达到很高的高度，暖空气在上升过程中绝热冷却，达到凝结高度后，在锋面上便产生云系。如果暖空气滑升的高度足够高，水汽又比较充沛时，暖锋上常常出现广阔的、系统的层状云系。云系序列为：卷云，卷层云，高层云，雨层云。云层的厚度视暖空气上升的高度而异，一般情况下可达几千米，厚者可达对流层顶，而且愈接近地面锋线云层愈厚。暖锋降水主要发生在雨层云内，是连续性降水，降水宽度随锋面坡度大小而有变化，一般约 300 ~ 400 千米。暖锋云系有时因为空气湿度和垂直速度分布不均匀而造成不连续，可能出现几十千米，甚至几百千米的无云空隙。

在暖锋下的冷气团中，由于空气比较潮湿，在气流辐合作用和湍流作用下，常产生层积云和积云。如果从锋上暖空气中降下的雨滴在冷气团内发生蒸发，使冷气团中水汽含量增多，达到饱和时，会产生碎积云和碎层云。如果这种饱和凝结现象出现在锋线附近的地面层时，将形成锋面雾。以上是暖锋天气的一般情况，但是在夏季暖空气不稳定时，也可能出现积雨云、雷雨等阵性降水。在春季暖气团中水汽含量很少时，仅仅出现一些高云，很少有降水。

明显的暖锋在我国出现得较少，大多伴随着气旋出现。春秋季节一般出现在江淮流域和东北地区，夏季多出现在黄河流域。

◎ 准静止锋与连阴雨

很少移动或移动缓慢的锋叫准静止锋。它的两侧冷暖气团往往形成"对峙"状态，暖气团前进，为冷气团所阻，暖气团被迫沿锋面上滑，情况与暖锋类似，出现的云系与暖锋云系大致相同。由于准静止锋的坡度比暖锋还小，沿锋面上滑的暖空气可以伸展到距离锋线很远的地方，所以云区和降水区比暖锋更为宽广。但是降水强度小，持续时间长，可能造成"霪雨霏霏、连日不开"的连阴雨天气。

准静止锋天气一般分为 2 类：①云系发展在锋上，有明显的降水。例如，我国华南准静止锋，大多是由于冷锋减弱演变而成，天气和第一型冷锋相似，只是锋面坡度更小，云区、降水区更为宽广，其降水区并不限于锋线地区，可延伸到锋面后很大的范围内，降水强度比较小，为连续性降水。由于准静止锋移动缓慢，并常常来回摆动，使阴雨天气持续时间长达十天半个月，甚至一个月以上，"清明时节雨纷纷"就是江南地区这种天气的写照。这种阴雨天气，直至该准静止锋转为冷锋或暖锋移出该地区或锋消失以后，天气才能转晴。初夏时，如果暖气团湿度增大，低层升温，气层可能呈现不稳定状态，锋上也可能形成积雨云和雷阵雨天气。②主要云系发展在锋下，并无明显降水的准静止锋。例如昆明准静止锋，它是南下冷空气为山所阻而呈静止状态，锋上暖空气干燥而且滑升缓慢，产生不了大规模云系和降水，而锋下的冷空气沿山坡滑升和湍流混合作用，在锋下可形成不太厚的雨层云，并常伴有连续性降水。

拓展阅读

湍流

湍流是流体的一种流动状态。湍流产生的原因有两方面，一方面是当空气流动时，由于地形差异造成的与地表的"摩擦"；另一方面是由于空气密度差异和气温变化的热效应，空气气团垂直运动而形成。

我国准静止锋主要出现在华南、西南和天山北侧，出现时间多在冬半年，对这些地区及其附近天气的影响很大。

◎ 锢囚锋与天气

锢囚锋是由冷锋赶上暖锋或两条冷锋相遇，把暖空气抬到高空，由原来锋面合并形成的新锋面。它的天气保留着原来锋面天气的特征。例如，锢囚锋是由具有层状云系的冷、暖锋合并而成，且锢囚锋的云系也是层状云，并分布在锢囚点的两侧。如果原来冷锋上是积状云，那么锢囚后，积状云与暖锋的层状云相连。锢囚锋的降水不仅保留着原来锋段降水的特点，而且由于锢囚作用，上升运动进一步发展，暖空气被抬升到锢囚点以上，使云层变厚、降水增加、降水区扩大。锢囚点以下的锋段，根据锋是暖式或冷式锢囚锋而出现相应的云系。锢囚锋过境时，出现与原来锋面相联系且更加复杂的天气。

我国锢囚锋主要出现在锋面频繁活动的东北、华北地区，以春季最多。东北地区的锢囚锋大多由蒙古、俄罗斯移来，多属冷式锢囚锋。华北锢囚锋多在本地生成，属暖性锢囚锋。

气旋与反气旋

大气中存在着各种大型的旋涡运动，有的呈逆时针方向旋转，有的呈顺时针方向旋转；有的一面旋转一面向前运动，有的却停留原地少动。它们就像江河里的水的旋涡一样，这些大型旋涡在气象学上称为气旋和反气旋。

气旋和反气旋是常见的天气系统，它们的活动对高低纬度之间的热量交换和各地的天气变化有很大的影响。

◎ 气旋和反气旋的特征

气旋是中心气压比四周低的水平旋涡，在北半球，气旋区域内空气作逆时针方向流动，在南半球则相反；反气旋是中心气压高四周气压低的水平旋涡，在北半球，反气旋区域内的空气作顺时针方向流动，在南半球则相反。气旋和反气旋也称低压和高压。

在低层大气里，特别是在近地面附近，风向与等压线斜交，所以气旋在北半球是一个按逆时针方向旋转向中心汇集的气流系统；在南半球是按顺时针方向旋转向中心汇集的气流系统。由于气流从四面八方在气旋中心相汇，必然产生上升运动，气流升至高空又向四周流出，这样才能保证低层大气不断地从四周向中心流入，气旋才能存在和发展。所以气旋的存在和发展必须有一个由水平运动和垂直运动所组成的环流系统。因为在气旋中心是垂直上升气流，如果大气中水汽含量较大，就容易产生云雨天气。所以每当气旋（或低气压）移到本区时，云量就会增多，甚至出现阴天降雨的天气。

在低层大气里，特别是在近地面附近，因为反气旋的气流是由中心旋转向外流动，所以，在反气旋中心必然有下沉气流，以补充向四周外流的空气。否则，反气旋就不能存在和发展，所以反气旋的存在和发展必须具备垂直运动与水平运动紧密结合的一个完整的环流系统。由于在反气旋中心是下沉气流，不利于云雨的形成，所以，在反气旋控制下的天气一般是晴朗无云。若是在夏季，则天气炎热而干燥。如果反气旋长期稳定少动，则常出现旱灾。我国长江流域的伏旱，就是在副热带反气旋长期控制下造成的。冬季，反气旋来自高纬大陆，往往带来干冷的气流，严重者可成为寒流。

气旋的直径一般为 1000 千米，大的可达 2000～3000 千米，小的只有 200～300 千米或者更小一些。反气旋大的可以和最大的大陆和海洋相比（如冬季亚洲的反气旋，往往占据了整个亚洲大陆面积的 3/4），小的直径也可达数百千米。

◎ 气旋和反气旋的强度

气旋和反气旋的强弱不一。它们的强度可以用其最大风速来度量：最大风速大的表示强，最大风速小的表示弱。在强的气旋中，地面最大风速可达 30 米/秒以上。在强的反气旋中，地面最大风速为 20～30 米/秒。

气旋和反气旋的中心气压值也常用来表示它们的强度。地面气旋的中心气压值一般为 970～1010 百帕。地面反气旋的中心气压值一般为 1020～1030 百帕，冬季寒潮高压最强的曾达 1078.9 百帕以上。

◎ 气旋和反气旋的分类

气旋和反气旋的分类方法比较多，按其生成的地理位置，气旋可分为温带气旋和热带气旋。反气旋可分为温带反气旋、副热带反气旋和极地反气旋。

按照结构的不同，温带气旋可分为锋面气旋、无锋面气旋。反气旋可分为冷性反气旋（或冷高压）和暖性反气旋（或暖高压）。

气旋之间，并不存在不可逾越的鸿沟。不同类型的气旋和反气旋，在一定条件下会互相转化。如锋面气旋可因一定条件转化为无锋面气旋，无锋面气旋可因一定条件转化为锋面气旋；冷性反气旋也可转化为暖性反气旋。气旋、反气旋都应看作是有条件的、可变动的、互相转化的。

气旋与反气旋天气，可以看成是以气旋和反气旋的空气运动特征为背景的气团天气与锋面天气的综合。

◎ 锋面气旋天气特征

锋面气旋天气是由各方面的因素决定的。锋面气旋的中部和前部在对流层、下层主要以辐合上升气流占优势，但由于上升气流的强度和锋面结构各有差异，同时，由于季节和地面特征的不同，组成气旋的各个气团的属性也有所区别。因此锋面气旋的天气特征不仅是复杂的，而且随着发展阶段、季节和地区的不同而有差异。要给出锋面气旋在各种情况下的具体天气特征，确实有一定困难，同时也过于烦琐。但只要掌握各种锋面、气团所具有的天气特征，各种天气现象（如云、雨和风等）的成因及气旋各部位流场的情况，那么由锋面气旋带来的各种天气现象就不难推断出来。

为了便于了解典型气旋的具体天气特征，现在分阶段来讨论。

锋面气旋在波动阶段强度一般较弱，坏天气区域不广。暖锋前会形成雨层云，伴有连续性降水及较坏的能见度，云层最厚的地方在气旋中心附近。当大气层结构不稳定时，如夏季，暖锋上也可出现雷阵雨天气。在冷锋后，大多数是第二型冷锋天气。在气旋的暖区，如果是热带海洋气团，水汽充沛，则易出现层云、层积云，有时也可出现雾和毛毛雨等天气现象。如果是热带大陆气团，则由于空气干燥，无降水，最多只有一些薄的云层。

当锋面气旋处于发展阶段时，气旋区域内的风速普遍增大，气旋前部具有暖锋云系和天气特征。云系向前伸展很远，尤其靠近气旋中心部分，云区最宽；离中心愈远，云区愈窄。气旋后部的云系和降水特征是属于第一型冷锋还是第二型冷锋，则要视高空槽与地面锋线的配置情况及锋后风速分布情况而定。若高空槽在地面锋线的后面，地面上垂直于锋的风速小，则属于第一型冷锋；若地面锋位于高空槽线附近或后部，则属于第二型冷锋。

你知道吗

暴雨

一般每小时降雨量达 16 毫米以上，或连续 12 小时降雨量达 30 毫米以上，或连续 24 小时降雨量达 50 毫米以上的降水称暴雨。

暴雨按其降水强度的大小又分为三个等级，即 24 小时降水量为 50～99.9 毫米称"暴雨"；100～250 毫米为"大暴雨"；250 毫米以上称"特大暴雨"。

当锋面气旋发展到锢囚锋阶段时，气旋区内地面风速较大，辐合上升气流加强，当条件充足时，云和降水天气加剧，云系比较对称地分布在锢囚锋的两侧。

当锋面气旋进入消亡阶段，云和降水开始减弱，云底抬高。以后，随着气旋消亡，云和降水区逐渐减弱消失。

以上所讲都是假定气团为热力稳定时的情况，如果气团处于热力不稳定时，则在气旋各个部位，都可能有对流性天气发生，特别在暖区，还可能产生暴雨。

◎反气旋的天气特征

反气旋的天气状况由于所处的发展阶段、气团性质和所在地理环境的不同而具有不同的特点。同时对某一个反气旋而言，随着反气旋结构变化、气团变性，天气情况也在变化。

反气旋的中、下层，因有显著的辐散下沉运动，尤其在反气旋中心的前方冷平流最强的区域，下沉运动最强，所以天气情况比气旋要好些。一般说来，常是晴朗天气。同时反气旋是由单一气团组成，而且近地面层有明显的辐散，所以反气旋内天气分布比较均匀。由于在反气旋区域内，近地面没有锋存在，所以气团特性和反气旋天气具有紧密关系，但在其不同部位天气也有所不同。通常在反气旋的中心附近，下沉气流强，天气晴朗。有时在夜间或清晨还会出现辐射雾，日出后逐渐消散。如果有辐射逆温或上空有下沉逆温或两者同时存在时，逆温层下面聚集了水汽和其他杂质，低层能见度较坏。当水汽较多时，在逆温层出现层云、层积云，有毛毛雨及雾等天气现象。在逆温层以上，能见度很好，碧空无云。反气旋的外围往往有锋面存在，边缘部分的上空有锋面逆温。反气旋的东部或东南部，因接近冷锋，常有较大的风力或较厚的云层，甚至有降水；西部和西南部，冷锋处在高空槽前，上空有暖湿空气滑升，因而有暖锋前天气。

规模较小的位于两个气旋之间的反气旋天气是：前部具有冷锋后部的天气特征，后部具有暖锋后部的天气特征。

规模特大而强的冷性反气旋（即所谓寒潮高压），从西伯利亚和蒙古侵入我国时，带来大量的冷空气，使所经之地，气温骤降，风速猛增，一般可达 10～20 米/秒，有时甚至可达 25 米/秒以上。

◎ 气旋族

在温带地区，有时在一条锋上会出现一连串的气旋，沿锋线顺次移动，最先一个可能已经锢囚，其后跟着一个发展成熟的气旋，再后面跟一个初生气旋，等等。这种在同一条锋上出现的气旋序列，称为气旋族。

我国境内出现气旋族较少，单个气旋入海后在海上常有气旋族发展，欧洲单个气旋较少，而气旋族却常见。在中纬度的高空，像锁链一样的气旋一个挨着一个，首尾相接，一直延伸到高纬度地区，景色非常美丽壮观。

　　每一族的气旋个数不等，多达5个，少则2个。一般北半球常有4个气旋族同时存在。每一个气旋族都与一个高空大槽相对应，而气旋族中的每一个气旋都和大槽槽前的一个短波槽相对应。

　　我国东北气旋、黄河气旋、江淮气旋和东海气旋等，都属于温带气旋。它们的活动对东北、华北地区和江淮流域的天气有很大的影响。

▶ 副热带高压

　　在南北半球的副热带地区，经常维持着沿纬圈分布的不连续的高压带，这就是副热带高压带。由于海陆的影响，常断裂成若干个高压单体，这些单体统称为副热带高压。

　　副热带高压是制约大气环流变化的重要成员之一，是控制热带、副热带地区的持久的大型天气系统之一。它与西太平洋和东亚地区的天气变化有极其密切的关系，且是最直接地控制和影响台风活动的最主要的大型天气系统。

◎ 太平洋副热带高压

　　多年观测事实表明，太平洋副热带高压是常年存在的，它是一个稳定而少动的暖性深厚系统。其强度和范围，冬夏都有很大不同，夏季，太平洋副热带高压特别强大，其范围几乎占整个北半球面积的1/5～1/4。冬季，强度减弱，范围也缩小很多。太平洋副热带高压多呈东西扁长形状，中心有时有数个，有时只有一个。一般冬季多为两个中心，分别位于东、西太平洋。西太平洋副热带高压除在盛夏偶有南北狭长的形状外，一般长轴都呈西南—东北走向。

　　副热带高压脊呈西南—东北走向，在500百帕以下各层都较一致，但其脊线的纬度位置随高度有很大变化。冬季，从地面向上，副热带高压脊轴线随高度向南倾斜，到 300 百帕以后，转为向北倾斜；夏季，对流层中部以下，多向北倾斜，向上则约呈垂直，到较高层后又转为向南倾斜。但位于 140°E（海洋上）的副热带高压脊轴线在低层随高度仍然是向南倾斜的。这是因为海洋上的热源或最暖区位于副热带高压的南方，而大陆上的热源或最暖区却位于副热带高压的北方。因此在 500 百帕以下的低层，海洋上副热带高压脊轴线随高度往南偏移，而大陆上则往北偏移。这显示了热力因子对副热带高压结构的影响。

副热带高压脊的强度总的来看是随高度增强的。但由于海、陆之间存在着显著的温度差异，使 500 百帕以上的情况就不大相同。夏季，大陆上及接近大陆的海面上温度较高，所以位于该地区上空的高压随高度迅速增强，而位于海洋上空的高压则不然，其在 500 百帕以上各层表现得比大陆上的弱得多。至 100 百帕上，太平洋副热带高压已主要位于沿海岸及大陆上空，与地面图相比，形势完全改观。通常所说的太平洋副热带高压脊主要是指 500 百帕及其以下的情况。

在对流层内，高压区与高温区的分布基本上是一致的。每一个高压单体都有暖区配合，但它们的中心并不一定重合。在对流层顶和平流层的低层，高压区则与冷区相配合。

知识小链接

百 帕

世界气象组织规定，气压单位既可使用"百帕"，也可使用"毫巴"，两者可以暂时并用，但最后要逐步统一使用"百帕"。其简写符号为 hPa，即为 100 个帕，并与 1 毫巴相等。

◎ 太平洋副热带高压的结构

太平洋副热带高压脊中一般较为干燥。在低层，最干区偏于脊的南部，且随高度向北偏移，到对流层中部时，最干区基本与脊线相重合。因此，在夏季，当副热带高压向西伸进我国大陆时，往往会造成长时间的高温干旱天气。另外在副热带高压的南北两缘有湿区分布，主要湿舌从大陆高压脊的西南缘及西缘伸向高压的北部。

太平洋副热带高压脊线附近气压梯度较小，平均风速也较小，而其南北两侧的气压梯度较大，水平风速也较大。又因为太平洋副热带高压是随高度增强的暖性深厚系统，故其两侧的风速必然随高度而增大，到一定高度上便形成急流。其北侧为西风急流，南侧为东风急流。

当太平洋副热带高压脊作南北移动时，西风急流与东风急流的位置、强度、高度都会发生很大的变化。

在卫星云图上，副热带高压主要表现为无云区或少云区，无云区的边界一般比较明显。副热带高压脊线一般位于北方锋面云带伸出来的枝状云的末端；或是在副高西部洋面上常有一条条呈反气旋曲率的积云线时，500 百帕副高脊线常位于积云线最大反气旋曲率北边 1 ~ 2 个纬度处。副高西部常有的一些呈反气旋性曲率的积云线，常可维持 2 ~ 3 天。当副热带高压强度减弱时，低层常有大范围的对流云发展，有时甚至可能出现一些小尺度的气旋性涡旋云系（常出现在副高南侧东风气流里）。这些云系在天气图上常反映不出来，但其出现对副热带高压强度减弱有一定的预报意义。另外，当强冷锋入海后，冷锋云系的残余常可伸入到副热带高压内部，甚至越过副热带高压进入低纬度，这在春秋季节发生较多。

◎ 西太平洋副热带高压的活动特点

副热带高压内的天气，由于盛行下沉气流，以晴朗、少云、微风、炎热为主。高压的西北部和北部边缘，因与西风带交界，受西风带锋面、气旋活动的影响，上升运动强烈，水汽也较丰富，多阴雨天气。高压南侧是东风气流，晴朗少云，低层湿度大、闷热。但当有热带天气系统活动时，可能产生大范围暴雨带和中小尺度的雷阵雨及大风天气。高压东部受北来冷气流的影响，形成的逆温层低，是少云干燥的天气，长期受其控制的地区，因久旱无雨，可能出现干旱，甚至变成沙漠气候。

副热带高压的强度、范围、位置和形状有明显的季节和短期变化，但各个地区副热带高压变化的程度有所不同。下面我们主要介绍西太平洋副热带高压的活动特征。

西太平洋副热带高压的位置有多年变化的表现。据分析，1880～1890年，副热带高压中心偏向平均位置的东南；1900～1920年偏向西北；1920～1930年又偏向东南，这种副热带高压中心位置的变动，必然会引起东亚，甚至全球性的气候变化。

拓展阅读

沙漠气候

沙漠气候也叫荒漠或干旱气候。因所处纬度不同又分热带沙漠、亚热带沙漠和温带沙漠三种类型。沙漠气候是沙漠环境形成的最重要的因素之一。现在的沙漠气候是通过地质时期及历史时期演变而来的。沙漠所特有的气候是人类活动的丰富资源，但同时也会带来灾害，如沙尘暴、热浪等。

西太平洋副热带高压的季节性活动，具有明显的规律性，冬季时，西太平洋副热带高压脊线一般位于北纬15°附近，随着季节的转暖，脊线缓慢北移，到6月中下旬，脊线迅速北跳，稳定于北纬20°～30°之间。至7月上中旬，脊线再次北跳，跃到北纬25°以北地区，以后就摆动在北纬25°～30°之间，7月底到8月初，脊线跨越北纬30°，到达最北方的位置。从9月起，脊线开始自北向南退缩，9月上旬脊线第一次回跳到北纬25°附近，10月上旬再次跳到北纬20°以南地区，从此结束了以一年为周期的季节性南北移动。副热带高压的这种季节性移动并不是匀速进行的，而是表现出有时稳定少动，有时缓慢移动，有时突发跳跃的方式，而且北进持续的时间比较久，速度比较缓慢，但南退经历的时间短、速度比较快，这是副热带高压季节变动的一般规律，在个别年份，副热带高压的活动可能有明显的出入。西太平洋副热带高压的北进、南退，同其他地区副热带高压的南北移动大体是一致的，只是移动的幅度更大一些。

西太平洋副热带高压还有短期活动的变化，主要表现在北进中有短暂的南退，南退中有短暂的北进，而且北进常常同西进相结合，南退与东退相结合。这种短期变化持续的时间长短不一，如果以一个进退作为一个周期，则比较长的周期可达 15 天左右，短的仅 2～3 天。长周期活动和短周期活动往往同时出现，而且彼此相互

拓展阅读

青藏高压

青藏高压也叫南亚高压。它是夏季在青藏高原上空出现的高压系统。它和北非高压、墨西哥高压同属于内陆副热带高压，其形成主要与高原或大陆夏季的加热作用有关。

联系、相互影响。西太平洋副热带高压的短期变化，大多是副热带高压周围的天气系统活动所引起的。例如，夏季青藏高压、华北高压东移并入西太平洋副热带高压时，副热带高压产生明显西进，甚至北跳；而当台风移至西太平洋副热带高压的西南边缘时，副热带高压开始东退；台风沿副热带高压西部边缘北移时，高压继续东退；当台风越过副热带高压脊线进入西风带时，副热带高压又开始西进。西风带的短波槽脊活动，对西太平洋副热带高压的短期变化的影响也很显著，当副热带高压强大时，一般小槽、小脊只能改变副热带高压的外形，而脊线位置变化不大。但发展强大的长波槽脊，对副热带高压的影响十分可观。当有大槽东移时，它能迫使副热带高压脊不断东退；当大槽在东亚沿海加深时，沿海副热带高压南退，海上副热带高压因与槽前长波脊叠加而北进。可见周围系统同西太平洋副热带高压是相互影响的，影响大小视周围系统与西太平洋副热带高压的发展程度和相互对比关系而异。

灾害性天气

灾害性天气是对人民生命财产有严重威胁，对工农业和交通运输业可能造成重大损失的天气。如大风、暴雨、冰雹、龙卷风、寒潮、霜冻、大雾、干旱、沙尘暴……

灾害性天气是造成气象灾害的直接原因。研究灾害性天气的形成机理和变化规律，监测灾害性天气形成的发展过程，是进行气象灾害预测预报、防灾减灾的基础。

干　旱

　　干旱是一种水量相对亏缺的自然现象。通常指淡水总量少，不足以满足人的生存和经济发展的气候现象。随着人类的经济发展和人口膨胀，水资源短缺现象日趋严重，这也直接导致了干旱地区的扩大与干旱化程度的加重。干旱化趋势已成为全球关注的问题之一。

　　干旱常常以延续时间长、波及范围广、造成饥荒等特点而成为一种严重的自然灾害。干旱可分为相互联系的土壤干旱和大气干旱两个方面。土壤干旱和气候干旱的主要表现都是降水不足。因此，降水不足是干旱的根本原因。降水量是直接影响土地是否干旱的关键因素，发生干旱的几率和降雨量是成正比的，但是干旱并不完全由降雨量决定，还与蒸发等因素有关。

干　旱

　　降水不足的气候成因有以下 4 个方面：

　　（1）持续宽广的下沉气流。

　　（2）局地下沉气流。

　　（3）缺乏气压扰动。

　　（4）缺乏潮湿气流。

　　干旱可分为连续性干旱、季节性干旱和突发性干旱 3 类。连续不断地干旱使地面成为沙漠，在这种地方，不存在明显的降水季节。在半干旱或半湿润气候区，具有一个短促的、降雨状况多变的湿季，其他季节即为干季。

基本小知识

气　候

　　气候是长时间内气象要素和天气现象的平均或统计状态，时间尺度为月、季、年、数年到数百年以上。气候以冷、暖、干、湿这些特征来衡量，通常由某一时期的平均值和离差值表征。气候的形成主要是由于热量的变化而引起的。

根据持续时间，干旱可分为：

小旱——连续无降雨天数，春季达 16 ~ 30 天、夏季 16 ~ 25 天、秋冬季 31 ~ 50 天。

中旱——连续无降雨天数，春季达 31 ~ 45 天、夏季 26 ~ 35 天、秋冬季 51 ~ 70 天。

大旱——连续无降雨天数，春季达 46 ~ 60 天、夏季 36 ~ 45 天、秋冬季 71 ~ 90 天。

特大旱——连续无降雨天数，春季在 61 天以上、夏季在 46 天以上、秋冬季在 91 天以上。

拓展阅读

干旱预警信号

　　干旱预警信号分二级，分别以橙色、红色表示。干旱指标等级划分，以国家标准《气象干旱等级》中的综合气象干旱指数为标准。

干旱的最直接危害是造成农作物减产，使农业歉收，严重时形成饥荒。在严重干旱时，人们饮水发生困难，生命受到威胁。2009年秋季到2010年春季，我国西南地区降水持续偏少，造成云南、广西、贵州、四川、重庆等省区市遭受了近60年来最为严重的特大干旱，据统计仅仅这五省区市受旱面积就占到全国耕地受旱总面积的83%。严重干旱对当地群众生活造成了严重影响。

干涸的湖

　　此外，中国西北一些地区因经常发生干旱，人畜饮水极端困难，被迫进行人口大迁移。在以水力发电为主要电力能源的地区，干旱造成发电量减少，能源紧张，严重影响经济建设和人们生活。在干旱季节，火灾容易发生，且难以控制和扑灭。事实上，大多数火灾，特别是大的森林火灾都发生在干旱高温季节。干旱还常常带来蝗灾，在广大的干旱、半干旱地区，干旱造成沙漠化，使土地资源遭受极大的破坏。

　　目前世界范围内各国防止干旱的主要措施有：兴修水利，发展农田灌溉事业；改进耕作制度，改变作物构成，选育耐旱品种，充分利用有限的降雨；植树造林，改善区域气候，减少蒸发，降低干旱的危害；研究应用

拓展阅读

干旱引发其他自然灾害

　　冬春季的干旱易引发森林火灾和草原火灾。自2000年以来，由于全球气温的不断升高，导致部分地区气候偏旱，林地地温偏高，草地枯草期长，森林地下火和草原火灾有增长的趋势。

现代技术和节水措施，例如人工降雨、喷滴灌、地膜覆盖、保墒，以及暂时利用质量较差的水源，包括劣质地下水等。

◆ 雷　暴

3～5条闪电在很近的距离同时产生放电的现象，称为雷暴。雷暴常出现在春夏之交或炎热的夏天，大气中的层结处于不稳定时容易产生强烈的对流，云与云、云与地面之间电位差达到一定程度后就要发生放电，有时雷声隆隆、耀眼的闪电划破天空，常伴有大风、降雨或冰雹，雷暴天气总是与发展强盛的积雨云联系在一起。在天气预报中，人们常常说雷雨大风等强对流天气，就是指伴有强风或冰雹这种雷暴天气。

雷暴的能量很大，千分之几秒到十分之几秒的雷电放出的电能，可以达到数十亿到上千亿瓦特，温度为 $10\ 000\sim20\ 000$℃。雷暴的水平范围为几千米到几十千米，伸向高空的高度可达 15 千米，会持续几分钟到几十分钟。因此，这种中小尺度天气系统在预报上有一定的难度。

雷暴能变幻出各种神秘莫测的怪异景象。有时候会生成火球，直径为 15 厘米至 3 米，也有直径很大（超过 5 米）的，但一般发生在雷区，雷暴产生火球后，经常袭击生命体，并释放出强大的能量，并且雷暴产生的火球行进速度也超快，速度在每秒几米至几十米不等，具体要看火球的大小而定。雷区产生的雷暴所形成的火球速度不论大小都比人类奔跑速度要快得多，所以在雷区避免雷暴击中的方法是一动不动的静止，并且不能发出声响，它运动的时间也比不是雷区的地方时间长，一般要 2～6 个小时，当然还有运行时间更长的，更要说明的是有的火球会入室袭击人类，有的是袭击房屋，具体情况不一样。

南纬60°～北纬80°都有雷暴活动。其中热带最多，温带地区一年四季也都会出现，并在春夏最多。另外，从雷暴的分布来看，陆地多于海洋，陆地雷暴多出现在午后，海洋中多发生在暖海流水域上空，并在夜间居多。我国沿海雷暴以海南岛最多，平均每年出现 100 多天。城市的发展，建筑物和家电的增加，使雷电越来越多。根据上海市气象部门统计，上海市 20 世纪 70 年代以来年平均雷暴日约达 50 天，比起 30 年前迅速上升，属于多雷地区。

落日时分的雷暴

强雷暴是一种灾害性天气，雷电会引起雷击火险，大风刮倒房屋，拔起大树，果木蔬菜等农作物遭冰雹袭击后损失严重，甚至颗粒无收，有时局部地区暴雨还会引起山洪暴发、泥石流等地质灾害。当然，雷暴也能造福于人类：它能给地球带来大量雨水；受雷击的空气每年能产生数亿吨氮肥，随雨水渗入土地。

当雷暴发生时，要尽可能地留在室内。在室外工作的人员应该找地方躲避。而且避免使用电话或其他带有插头的电器，包括电脑等。如果雷暴发生时正在户外游泳，应赶快离开水面找地方躲避。不要站立在海拔比较高的地方，要远离导电性高的物体。树木或桅杆容易被闪电击中，应尽量远离。闪电击中物体后，电流会经地面传开，因此不要躺在地上，潮湿地面尤其危险。应该蹲着并尽量减少与地面接触的面积。同时还要避免接触天线、水龙头、水管、铁丝网或其他金属装置。

寒　潮

◎ 寒潮的定义及入侵路径

寒潮是指来自高纬度地区的寒冷空气，在特定天气形势下迅速加强南下，造成沿途大范围的剧烈降温、大风和雨雪天气。这种冷空气南侵过程达到一定强度标准的称为寒潮。寒潮是一种大范围的天气过程，寒潮一般多发生在秋末、冬季、初春时节，在全国各地都有可能发生，并可能引发霜冻、冻害等多种自然灾害。

寒潮在气象学上有严格的定义和标准，但在不同的国家和地区寒潮标准是不一样的。例如，2006 年制定的我国冷空气等级国家标准中规定寒潮的标准是：某一地区冷空气过境后，气温在 24 小时内下降 8℃以上，且最低气温下降到 4℃以下；或在 48 小时内气温下降 10℃以上，且最低气温下降到

寒潮带来的降温

4℃以下；或 72 小时内气温连续下降 12℃以上，并且最低气温在 4℃以下。而美国天气频道则规定，美国至少有 15 个州的气温低于正常值，其中至少有 5 个州温度比正常值低 15℃，并且至少持续两天的冷空气爆发称为寒潮。

在北极地区，由于太阳的光照弱，地面和大气获得的热量少，常年气温

严寒。到了冬天，太阳光的直射位置越过赤道，到达南半球，北极地区的寒冷程度更加增强，范围扩大，气温一般都在 –50 ～ –40℃以下。范围很大的冷气团聚集到一定程度，在适宜的高空大气环流作用下，会大规模地向南入侵，形成寒潮天气。

影响我国的寒潮主要来自西伯利亚和蒙古国地区。位于高纬度的北极地区和西伯利亚、蒙古高原一带的地方，一年到头受太阳光的斜射，地面接受太阳光的热量很少。尤其是到了冬天，太阳光线南移，北半球太阳光照射的角度越来越小，因此，地面吸收的太阳光热量也越来越少，地表的温度变得很低。在冬季北冰洋地区，气温经常在 –20℃以下，最低时可达到 –60 ～ –70℃。1 月份的平均气温常在 –40℃以下。

由于这一带常年的低气温，大气的密度大大增加，空气不断收缩下沉，使气压增高，这样便形成一个势力强大、深厚宽广的冷高压气团。当这个冷性高压势力增强到一定程度时，就会像决了堤的海潮一样，一泻千里，形成一股寒潮。每一次寒潮爆发后，西伯利亚的冷空气就要减少一部分，气压也随之降低。但经过一段时间后，冷空气又重新聚集堆积起来，孕育着一次新的寒潮的爆发。

基本小知识

黄 土 高 原

黄土高原是世界上最大的黄土沉积区。它位于中国中部偏北，横跨山西省、陕西省、甘肃省、青海省、宁夏回族自治区及河南省等省区，面积约 40 万平方千米。除少数石质山地外，高原上覆盖着深厚的黄土层，黄土厚度在 50 ～ 80 米之间，最厚达 150 ～ 180 米。黄土高原矿产丰富，煤、石油、铝土储量大。

入侵我国的寒潮主要有以下 4 种路径。

①西路——从西伯利亚西部进入我国新疆，经河西走廊向东南推进；

②中路——从西伯利亚中部进入我国后，经河套地区和华中地区南下；

③东路——从西伯利亚东部或蒙古东部进入我国东北地区，经华北地区南下；

④东路加西路——东路冷空气从河套下游南下，西路冷空气从青海东部南下，两股冷空气常在黄土高原东侧，黄河、长江之间汇合，汇合时造成大范围的雨雪天气，接着两股冷空气合并南下，出现大风和明显降温。

◎ 寒潮的弊与利

寒潮往往引发多种天气变化。由于寒潮出现的地区和季节不同，其强度和危害也不完全一样。在西北沙漠和黄土高原，表现为大风少雪，极易引发沙尘暴天气。在内蒙古草原则为大风、吹雪和低温天气。在华北、黄淮地区，寒潮袭来常常风雪交加。寒潮在东北表现为更加猛烈的大风、大雪，降雪量为全国之冠。寒潮在江南常伴随着寒风苦雨。

寒潮带来的灾害性天气对工农业生产和百姓日常生活的影响通常都很大，对农业、牧业、交通、电力、甚至人们的健康都有比较大的影响。

寒潮天气对农业的影响最大。寒潮冷空气带来的降温可以达到 10℃ 甚至 20℃ 以上，通常超过农作物的耐寒能力，造成农作物发生霜冻害或冻害。

寒潮伴随的大风、雨雪和降温天气会造成能见度低、地表结冰和路面积雪等现象，对公路、铁路交通和海上作业安全带来较大的威胁，严重影响人们的生产生活。例如：1987 年 11 月下旬，寒潮暴发，哈尔滨、沈阳、北京、乌鲁木齐等铁路局所辖内的不少车站道岔冻结，铁轨被雪埋，通信信号失灵，列车运行受阻。雨雪过后，道路结冰打滑，使交通事故明显上升。

寒潮对民航的影响也十分显著，最直接的影响表现在寒潮大风上。寒潮冷空气所到之处，平均风速一般为 15 米/秒以上，并且持续时间较长。大风使起飞和着陆的飞机易发生轮胎破裂和起落架折断等事故。因寒潮降水和恶劣能见度影响飞行安全的事例屡见不鲜。

寒潮还影响海上航运。寒潮大风到达海上时，由于海面摩擦因素小，风力一般可达 7 ~ 8 级，阵风甚至达到 11 ~ 12 级，因此当寒潮来袭时，海上的航运常常被迫停止，船只需进港避险。另外，寒潮大风可以制造海上风暴潮，形成数米高的巨浪，对海上船只有毁灭性的打击。

寒潮袭来对人体健康危害很大。大风降温天气容易引发感冒、气管炎、冠心病、肺心病、中风、哮喘、心肌梗死、心绞痛、偏头痛等疾病，有时还会使患者的病情加重。

寒潮天气的影响广泛，造成的灾害也比较严重和多样化，有些灾害是寒潮天气直接造成的结果。如风灾、霜冻害、冻害、道路结冰和积雪等，有些是间接引发的，如低温冷害、空气质量下降等。因此，我们应该对寒潮天气和寒潮灾害给予足够重视，以便提前预报并及时采取防御措施，减轻和避免灾害损失。

但值得一提的是，寒潮并非一无是处，寒潮也有有益的影响。地理学家的研究分析表明，寒潮有助于地球表面热量交换。随着纬度增高，地球接收的太阳辐射能量逐渐减弱，因此地球上形成热带、温带和寒带。寒潮携带大量冷空气向热带倾泻，使地面热量进行大规模交换，这非常有助于自然界的生态保持平衡，物种保持繁茂。

气象学家认为，寒潮是风调雨顺的保障。我国受季风影响，冬天气候干旱，为枯水期。但每当寒潮南侵时，常会带来大范围的雨雪天气，缓解了冬天的旱情，使农作物受益。"瑞雪兆丰年"这句农谚为什么能在民间千古流传？这是因为雪水中的氮化物含量高，是普通水的 5 倍以上，可使土壤中氮素大幅度提高。雪水还能加速土壤有机物质分解，从而增加土壤中的有机肥料。大雪覆盖在越冬农作物上，就像棉被一样起到抗寒保温作用。

有道是"寒冬不寒，来年不丰"，这同样有其科学道理。农作物病虫害防治专家认为，寒潮带来的低温，是目前最有效的天然"杀虫剂"，寒潮可以大量杀死潜伏在土壤中过冬的害虫和病菌，或抑制其滋生，减轻来年的病虫害。据各地农技站调查数据显示，凡大雪封冬之年，农药可节省60%以上。

寒潮还可以带来风力资源。科学家认为，风是一种无污染的宝贵动力资源。日本宫古岛风能发电站，寒潮期的发电效率是平时的1.5倍。

知识小链接

季风

由于大陆和海洋在一年之中增热和冷却程度不同，在大陆和海洋之间产生大范围的、风向随季节有规律改变的风，称为季风。形成季风最根本的原因，是地球表面性质不同，热力反映有所差异。

◎ 寒潮预警及防御

寒潮对社会带来的危害是比较大的。气象台发布寒潮警报时，人们要对此引起重视。

根据不同的冷空气强度发布不同的预警信号。如果是中等强度冷空气，或者中等偏强的冷空气，一般是发布大风降温消息。如果是比较强的冷空气，大风和降温幅度达到了寒潮的标准时就发布寒潮警报。

我国中央气象台发布的寒潮警报分为两个等级，即寒潮橙色警报和寒潮红色警报。根据寒潮

你知道吗

中央气象台

中央气象台是全国天气预报、气候预测、气候变化研究、气象信息收集分发服务的国家中心。它也是世界气象组织亚洲区域气象中心、核污染扩散紧急响应中心，于1950年3月1日成立。

强度，如果是达到一般的寒潮标准就发布橙色警报，如果降温的幅度较大或者影响较强，比如有大范围的强降雪，有道路结冰或者伴有风暴潮时就发布寒潮红色警报。

地方气象部门的寒潮预警信号有 4 种，分别是：寒潮蓝色预警信号；寒潮黄色预警信号；寒潮橙色预警信号；寒潮红色预警信号。

蓝色预警信号的标准——48 小时内最低气温将要下降 8℃ 以上，最低气温小于等于 4℃，陆地平均风力可达 5 级以上；或者已经下降 8℃ 以上，最低气温小于等于 4℃，平均风力达 5 级以上，并可能持续。

寒潮黄色预警信号的标准——24 小时内最低气温将要下降 10℃ 以上，最低气温小于等于 4℃，陆地平均风力可达 6 级以上；或者已经下降 10℃ 以上，最低气温小于等于 4℃，平均风力达 6 级以上，并可能持续。

寒潮橙色预警信号的标准——24 小时内最低气温将要下降 12℃ 以上，最低气温小于等于 0℃，陆地平均风力可达 6 级以上；或者已经下降 12℃ 以上，最低气温小于等于 0℃，平均风力达 6 级以上，并可能持续。

寒潮红色预警信号的标准——24 小时内最低气温将要下降 16℃ 以上，最低气温小于等于 0℃，陆地平均风力可达 6 级以上；或者已经下降 16℃ 以上，最低气温小于等于 0℃，平均风力达 6 级以上，并可能持续。

防御措施：

（1）政府及相关部门按照职责做好防寒潮的应急和抢险工作。

（2）注意防寒保暖。

（3）农业、水产业、畜牧业等要积极采取防霜冻、冰冻等防寒措施，尽量减少损失。

（4）做好防风工作。

➡ 霜　冻

　　霜冻是一种出现在春秋转换季节，白天气温高于0℃，夜间气温短时间降至0℃以下的低温危害现象。

　　出现霜冻时，往往伴有白霜，也可不伴有白霜，不伴有白霜的霜冻被称为"黑霜"或"杀霜"。晴朗无风的夜晚，因辐射冷却形成的霜冻称为"辐射霜冻"。冷空气入侵形成的霜冻称为"平流霜冻"。两种过程综合作用下形成的霜冻称为"平流辐射霜冻"。无论何种霜冻出现，都会给作物带来或多或少的伤害。

　　入秋后的气温随冷空气的频繁入侵而明显降低，尤其是在晴朗无风的夜间或清晨，辐射散热增多，地面和植物表面温度迅速下降，当植物体温降至0℃以下时，植物体内细胞会脱水结冰，遭受霜冻危害。通常把秋季第一次发生的霜冻称为"初霜冻"，因为初霜冻总是在悄无声息中就使作物受害，所以有农作物"秋季杀手"的称号。

　　我国地域广阔，初霜冻日出现日期也大不相同。新疆北部、内蒙古及东北北部地区9月中旬出现初霜冻；东北大部，华北北部、西部及西北地区9月下旬到10月上旬出现；11月上旬初霜线

霜冻后的农作物

南移至秦淮一带；11 月下旬到达西南及长江中下游地区；12 月上旬到达南岭；华南中北部初霜冻则在 12 月下旬到 1 月中旬之间出现。

霜冻对农作物的危害主要是破坏农作物的内部组织结构。农作物的内部是由许许多多的细胞组成的，作物内部细胞与细胞之间的水分，在温度降到 0℃以下时就开始结冰。从物理学中得知，物体结冰时，体积要膨胀。因此当细胞之间的冰粒增大时，细胞就会受到压缩，细胞内部的水分被迫向外渗透出来，细胞失掉过多的水分，它内部原来的胶状物就会逐渐凝固起来，特别是在严寒霜冻以后，气温又突然回升，则农作物渗出来的水分很快变成水汽散失掉，细胞失去的水分没法复原，农作物便会死去。霜本身对农作物并没有什么危害，生成霜时的低温才是杀害农作物的元凶。所以，有些地方用绳子"拉霜"，用扫帚"扫霜"都是不妥的，这样做反而会把农作物弄伤。

拓展阅读

霜冻天气后的农业管理

（1）霜冻低温及连阴天突然转晴后，塑料拱棚要及时放风降温，防止高温植物打蔫。

（2）连阴天突然转晴后日光温室采取放半苫、放花苫的办法避免温度急剧上升使植物打蔫，等植物恢复生长后再全部揭开。

（3）及时喷洒清水或 0.2%的尿素水溶液或 0.2%的磷酸二氢钾水溶液，增加植物的抗性。

　　随着科学技术的发展，人们采用了浇灌、熏烟和覆盖等多种预防霜冻灾害的措施，以减少农作物的损失。现在，广大农村科学种田，不断改良品种，提高农作物的抗寒能力，每天注意收听天气预报，预防霜冻灾害的能力也有了显著的提高。

◆ 雪　暴

　　雪暴是冬春季节，在强冷空气影响下形成的暴风雪天气，而且常常形成强降温和大风伴随降雪或大风卷起地面积雪的天气。飞雪随风弥漫，一片白茫茫，能见度极低，气象上称此现象为"吹雪"或"雪暴"。

　　雪暴又称冷风或布加风，是低温、强风和大雪的恶劣天气的表现。美国天气局将雪暴定为风速大于 51 千米/时，雪足以使能见度降到 150 米或以下的一种风暴。强烈雪暴中风速大于 72 千米/时，能见度接近于 0，气温在 −12℃以下。

　　通常情况下雪暴会带来低温、强风和大雪，对社会生产和人们的生活带来很大危害。1966 年春季的一次雪暴给新疆北部地区带来严重危害。由于持续雪暴天气，积雪深度达 25～45 厘米，其中阿勒泰地区最大积雪深度达 73 厘米，风力一般达 6～7 级，有时甚至达到 9～10 级。

　　历史上最大的一次雪暴发生在欧洲。1979 年 1 月，由于受北极地区强大冷空气的影响，欧洲西部、北部等地气温急剧下降，风雪弥漫，遭受了历史上最大的一次暴风雪。在英国，大雪连续下了 36 小时，全国被白雪覆盖。伦敦的两个机场因积雪太深而关闭。在瑞典，狂风呼啸，大雪纷飞。成群的狼离开原来的窝地，跑到附近的居民区躲避。

　　雪暴的应对措施：

　　（1）大家要尽量待在室内，不要外出。

（2）如果在室外，要远离广告牌、临时搭建物和树木，避免砸伤。路过桥下、屋檐等处时，要小心观察或绕道通过，以免因冰凌融化脱落伤人。

（3）非机动车应给轮胎少量放气，以增加轮胎与路面的摩擦力。

酸 雨

酸雨正式的名称为酸性沉降，它可分为"湿沉降"与"干沉降"两大类，前者是指所有气状污染物或粒状污染物，随着雨、雪、雾或雹等降水形态而落到地面，后者则是指在不下雨的日子，对从空中降下来的落尘所带的酸性物质而言。本节内容涉及的酸雨主要是指前者。

近代工业革命，从蒸汽机开始，锅炉烧煤，产生蒸汽，推动机器；而后火力电厂星罗棋布，燃煤数量日益猛增。遗憾的是，煤含杂质硫，约占物质的1%，在燃烧中将排放出酸性气体；燃烧产生的高温能促使助燃的空气发生部分化学变化，氧气与氮气化合，也排放酸性气体。它们在高空中为雨雪冲刷，溶解，雨便成为酸雨；这些酸性气体成为雨水中的杂质硫酸根、硝酸根和铵离子。1872年英国科学家分析了伦敦市雨水成分，发现它呈酸性，且农村雨水中含碳酸铵，酸性不大；郊区雨水含硫酸铵，略呈酸性；市区雨水含硫酸或酸性的硫酸盐，呈酸性。于是科学家提出"酸雨"这一专有名词。一般来说，酸雨是指 pH 值小于 5.6 的酸性降水。

一年之内可降若干次雨，有的是酸雨，有的不是酸雨，因此一般称某地区的酸雨率为该地区酸雨次数除以降雨的总次数。其最低值为 0；最高值为 100%。如果有降雪，应当以降雨视之。

有时，一个降雨过程可能持续几天，所以酸雨率应以一个降水全过程为单位，即酸雨率为一年出现酸雨的降水过程次数除以全年降水过程的总次数。除了年均降水 pH 值之外，酸雨率是判别某地区是否为酸雨区的又一重要指标。

　　某地收集到酸雨样品，还不能算是酸雨区，因为一年内会有数场雨，某场雨可能是酸雨，某场雨可能不是酸雨，所以要看年均值。目前我国定义酸雨区的科学标准尚在讨论之中，但一般认为：年均降水的 pH 值高于 5.6，酸雨率是 0 ~ 20%，为非酸雨区；pH 值在 5.3 ~ 5.6 之间，酸雨率是 10% ~ 40%，为轻酸雨区；pH 值在 5.0 ~ 5.3 之

树木被酸雨淋后枯死

间，酸雨率是 30% ~ 60%，为中度酸雨区；pH 值在 4.7 ~ 5.0，酸雨率是 50% ~ 80%，为较重酸雨区；pH 值小于 4.7，酸雨率是 70% ~ 100%，为重酸雨区。这就是所谓的 5 级标准。其实，北京、西宁、兰州和乌鲁木齐等市也收集到几场酸雨，但年均 pH 值和酸雨率都在非酸雨区标准内，故为非酸雨区。

　　目前我国酸雨正呈蔓延之势，是继欧洲、北美之后世界第三大重酸雨区。20 世纪 80 年代，我国的酸雨主要发生在以重庆、贵阳和柳州为代表的川贵两广地区，酸雨区面积约百万平方千米。到 20 世纪 90 年代中期，酸雨已发展到长江以南、青藏高原以东及四川盆地的广大地区，酸雨面积又扩大了上百万平方千米。以长沙、赣州、南昌、怀化为代表的华中酸雨区现已成为全国酸雨污染最严重的地区，其中心区年降酸雨频率高于 90%，几乎到了逢雨必酸的程度。以南京、上海、杭州、福州、青岛和厦门为代表的华东沿海地区也成为我国主要的酸雨区。华北、东北的局部地区也出现酸性降水。1998 年，全国 1/2 以上的城市，其中 70% 以上的南方城市及北方城市中的西安、青岛等都下了酸雨。酸雨在我国已呈燎原之势，覆盖面积已占国土面积的近 30%。

基本
小知识

pH 值

pH 值是指溶液中氢离子的总数和总物质的量的比。它的学名是氢离子浓度数，是表示溶液酸性或碱性程度的数值。

酸雨的危害是多方面的，包括对人体健康、生态系统和建筑设施都有直接和潜在的危害。酸雨可使儿童免疫功能下降，慢性咽炎、支气管哮喘发病率增加；同时可使老人眼部、呼吸道患病率增加。酸雨还可使农作物大幅度减产，特别是小麦，在酸雨影响下，可减产 13% ~ 34%。大豆、蔬菜也容易受酸雨的危害，导致蛋白质含量和产量下降。酸雨对森林和其他植物危害也较大，常使森林和其他植物叶子枯黄、病虫害加重，最终造成大面积死亡。酸雨会对建筑物造成严重腐蚀，一些建筑文物在酸雨的长期腐蚀下通常面目全非。

拓展阅读

酸雨防治

（1）开发新能源，如氢能、太阳能、水能、潮汐能、地热能等。

（2）使用燃煤脱硫技术，减少二氧化硫排放。

（3）工业生产排放的气体经过处理后再排放。

（4）少开车，多乘坐公共交通工具出行。

（5）使用天然气等清洁能源，少用煤。

（6）改进发动机的燃烧方式。

◀ 台　风

◎ 台风的定义及结构

　　在气象学上，按世界气象组织定义：热带气旋中心持续风速达到 12 级（即 32.7 米/秒或以上）称为飓风。飓风的名称使用在北大西洋及东太平洋。而北太平洋西部（赤道以北，国际日期变更线以西，东经 100°以东）使用的近义词是台风。

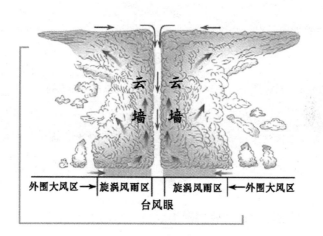

台风结构图

　　台风的大致结构可以分为外层区（包括外云带和内云带）、云墙区和台风眼区 3 个区域。垂直方向可以分为低空流入层（大约在 1 千米以下）、高空流出层（大致在 10 千米以上）和中间上升气流层（1～10 千米附近）3 个层次。

在台风外围的低层，有数支同台风区等压线的螺旋状气流卷入台风区，辐合上升，促使对流云系发展，形成台风外层区的外云带和内云带；相应云系有数条螺旋状雨带。卷入气流越向台风内部旋进，切向风速也越来越大，在离台风中心的一定距离处，气流不再旋进，于是大量的潮湿空气被迫强烈上升，形成环绕中心的高耸云墙，组成云墙的积雨云顶可高达 19 千米，这就是云墙区。台风中最大风速发生在云墙的内侧，最大暴雨发生在云墙区，所以云墙区是最容易形成灾害的狂风暴雨区。当云墙区的上升气流到达高空后，由于气压梯度的减弱，大量空气被迫外抛，形成流出层，只有小部分空气向内流入台风中心，并下沉，造成晴朗的台风中心，这就是台风眼区。台风眼半径约在 10 ~ 70 千米，平均约 25 千米。云墙区的潜热释放增温和台风眼区的下沉增温，使台风成为一个暖心的低压系统。

知识小链接

台 风 眼

台风眼通常在台风中心平均直径约为40千米的圆形面积内。由于台风眼外围的空气旋转得太厉害，在离心力的作用下，外面的空气不易进入到台风的中心区内，因此台风眼区就像由云墙包围的孤立的管子。它里面的空气几乎是不旋转的，风很微弱。台风眼外侧100千米左右的地区是狂风暴雨区。

台风经过时常伴随着大风和暴雨或特大暴雨等强对流天气。风向在北半球地区呈逆时针方向旋转（在南半球则为顺时针方向）。在气象图上，台风的等压线和等温线近似为一组同心圆。台风中心为低压中心，以气流的垂直运动为主，风平浪静，天气晴朗；台风眼附近为旋涡风雨区，风大雨大。

◎ 台风的形成条件及移动路径

台风的形成条件主要有 2 个：①比较高的海洋温度；②充沛的水汽。

在温度高的海域内，大量空气开始往上升，使地面气压降低，这时气流上升海域的外围空气就源源不断地流入上升区，又因地球转动的关系，使流入的空气像车轮那样旋转起来。当上升空气膨胀变冷，其中的水汽冷却凝成水滴时，要放出热量，这又助长了低层空气不断上升，使地面气压下降得更低，空气旋转得更加猛烈，这就形成了台风。

具体而言，①只有热带的海洋才是台风生成的地方。那里海面上气温非常高，使低层空气可以充分接受来自海面的水源。那里又是地球上水汽最丰富的地方，而这些水汽是台风形成发展的主要原动力。没有这个原动力，台风即使已经形成，也会消散。②热带海洋离开赤道有一定距离，地球自转所产生的偏向力有一定的作

台风袭击过后

用，有利于台风发展气旋式环流和气流辐合的加强。③热带海面情况比中纬度处单纯，因此，同一海域上方的空气，往往能保持较长时间的定常条件，使台风有充分的时间积蓄能量，酝酿出台风。

在这些条件配合下，只要有合适的触发机制，例如，高空出现辐散气流或南北两半球的信风在赤道稍北地方相遇等，台风就会在某些热带海域形成并增强。根据统计，在热带海洋，台风常常产生在洋面温度超过 26～27℃ 的地区。

产生台风的海洋，主要是菲律宾以东的海洋、我国南海、西印度群岛以及澳大利亚东海岸等。这些地方海水温度比较高，也是南北两半球信风相遇之处。

夏季有台风时，如果你连续收听气象预报，并将每次报告的台风中心位置记在一张地图上，就可以发现，台风中心所经过的路径，虽然有些变动，但是基本上是抛物线形和直线形的，它很有规律地在地球上移动着。促使台风移动的力量有 2 种：内力和外力。内力是台风范围内因南北纬度差距所造成的地转偏向力差异引起的向北和向西的合力，台风范围愈大，风速愈强，内力愈大。外力是台风外围环境流场对台风涡旋的作用力，即北半球副热带高压南侧基本气流东风带的引导力。内力主要在台风初生成时起作用，外力则是操纵台风移动的主导作用力，因而台风基本上自东向西移动。由于副高的形状、位置、强度变化以及其他因素的影响，导致台风移动路径并非规律一致而变得多种多样。以北太平洋西部地区台风移动路径为例，其移动路径大体有 3 种。

（1）西进型——台风自菲律宾以东一直向西移动，最后在中国海南岛、广西或越南北部地区登陆，这种路线多发生在北半球冬、春两季。当时北半球副高偏南，所以台风生成纬度较低，路径偏南，一般只在北纬 16° 以南进入南海，最后在越南登陆。

你知道吗

信 风

信风又称"贸易风"，是指从副热带高压带吹向赤道低气压带的风。信风在北半球吹东北风，南半球吹东南风。

（2）登陆型——台风向西北方向移动，先在中国台湾登陆，然后穿过台湾海峡，在中国广东、福建、浙江沿海再次登陆，并逐渐减弱为热带低压。这类台风对中国的影响最大。

（3）抛物线型——台风先向西北方向移动，当接近中国东部沿海地区时，不登陆而转向东北，向日本附近转去，路径呈抛物线形状，这种路径多发生在 5 ~ 6 月和 9 ~ 11 月。最终大多变性为温带气旋。

全世界平均每年发生热带气旋和台风约为 79.8 次。其中西北太平洋区域约有 30.5 次，占全世界的 38.2%，成为世界上热带气旋和台风发生次数最多的区域。其原因为：

（1）在西北太平洋的部分地区，终年存在着世界上独一无二的大片厚度为 100 米左右、温度高于 28℃（最高达 30.5℃）的暖水。在它上面的空气，温度高、湿度大，是高度潮湿不稳定上下结构的重要区域，也是热带气旋和台风生成的最有利的区域。

（2）在 7 ~ 8 月，东南太平洋的冷空气侵袭到北半球，有些还向西延伸，一直侵袭到西北太平洋；有些虽然在西侵过程中减弱，但到了西北太平洋热带气旋发生地区后，又再度活跃和加强起来，促使热带气旋和台风发生。此外，东亚和北太平洋的冷空气南下，也可以促进台风的发生。

正由于这些强而有利的条件，造成了西北太平洋上的热带气旋和台风的发生数远多于其他区域。

基本
小知识

热 带 气 旋

　　热带气旋是发生在热带或副热带洋面上的低压涡旋，是一种强大而深厚的热带天气系统。热带气旋通常在热带地区离赤道平均 3 ~ 5 个纬度外的海面上形成，其移动主要受到科氏力及其他大尺度天气系统的影响，最终在海上消散，或变性为温带气旋，或在登陆陆地后消散。

◎ 台风的弊与利

台风是一种破坏力很强的灾害性天气系统，我国沿海地区，几乎每年夏、秋两季都会或多或少地遭受台风的侵袭，因此而遭受的生命财产损失也不小。作为一种灾害性天气，台风的危害性主要有 3 个方面：

（1）大风。台风中心附近最大风力一般为 8 级以上。

（2）暴雨。台风是最强的暴雨天气系统之一，在台风经过的地区，一般能产生 150 ~ 300 毫米降雨，少数台风能产生 1000 毫米以上的特大暴雨。

（3）风暴潮。一般台风能使沿岸海水产生增水，江苏省沿海最大增水可达 3 米。

台风过境时常常带来狂风暴雨天气，引起海面巨浪，严重威胁航海安全。登陆后，可摧毁庄稼、各种建筑设施等，造成人民生命、财产的巨大损失。

知识小链接

风 暴 潮

风暴潮是一种灾害性的自然现象。由于剧烈的大气运动，如强风和气压骤变，导致海水异常升降，使受其影响的海区的潮位大大地超过平常潮位，这种现象称为风暴潮，又称"风暴增水""风暴海啸""气象海啸"或"风潮"。

但是台风也并非一无是处。科学研究发现，台风对人类有如下几大好处：

（1）每次台风来袭都会带来一次强降水过程，丰富了淡水资源。台风给中国沿海、日本海沿岸、印度、东南亚和美国东南部带来大量的雨水，约占这些地区总降水量的 1/4 以上，对改善这些地区的淡水供应和生态环境都有十分重要的意义。

（2）靠近赤道的热带、亚热带地区受日照时间最长，干热难忍，台风带来的大风会驱散这些地区的热量。如果没有台风来驱散这些地区的热量，那里将会更热，地表沙荒将更加严重。同时寒带将会更冷，温带将会消失。

（3）台风的最高时速可达200千米以上，所到之处，摧枯拉朽。这巨大的能量可以直接给人类造成灾

台风肆虐

难，但也全凭着这巨大的能量流动使地球保持着热平衡，使人类安居乐业，生生不息。

（4）台风还能增加捕鱼产量。每当台风吹袭时翻江倒海，将江海底部的营养物质卷上来，鱼饵增多，吸引鱼群在水面附近聚集，渔获量自然提高。

由此看来，虽然每次台风过程都很可怕，但是利弊同存。为了避免台风过程给人们的生命财产安全带来更大的损失，台风预警信号和人们自身采取一些防御措施也是很有必要的。

◎ 台风预警信号

根据受台风影响程度的大小，可将台风预警信号分为5级：

（1）台风白色预警信号：指48小时内可能受热带气旋影响。

（2）台风蓝色预警信号：指24小时内可能受热带气旋影响，平均风力可达6级以上，或阵风7级以上；或已经受热带气旋影响，平均风力为6~7级，或阵风7~8级并可能持续。

（3）台风黄色预警信号：指24小时内可能受热带气旋影响，平均风力可达8级以上，或阵风9级以上；或已经受热带气旋影响，平均风力为8~9级，

或阵风 9 ~ 10 级并可能持续。

（4）台风橙色预警信号：指 12 小时内可能受热带气旋影响，平均风力可达 10 级以上，或阵风 11 级以上；或已经受热带气旋影响，平均风力为 10 ~ 11 级，或阵风 11 ~ 12 级并可能持续。

（5）台风红色预警信号：指 12 小时内可能或者已经受台风影响，平均风力可达 12 级以上，或者已达 12 级以上并可能持续。

龙卷风

龙卷风是一种相当猛烈的天气现象，由快速旋转并造成直立中空管状的气流形成。龙卷风大小不一，但形状一般都呈上大下小的漏斗状，"漏斗"上接积雨云（极少数情况下为积云云底），下部一般与地面接触并且时常被一团尘土或碎片残骸等包围。

龙卷风一般来自于雷暴、超级单体、飑和飓风。通常认为龙卷风在冷空气穿过热空气层迫使暖空气急速上升时产生。龙卷风的形成与雷雨云有直接关系。有些雷雨云里面往往有一个气压很低的巨大的旋转涡

龙卷风

流，它是形成龙卷风的关键所在。雷雨云是由于地表的暖湿空气变得不稳定时开始上升，进而形成馒头状和花椰菜状的浓积云。当云层上升到距离地面 1 万多米高的冷空气层时开始平衍、延伸，云的基础部分蔓延成铁砧状。有些

雷雨云的规模巨大，内部是上升的气流和旋转的大风。这些旋转的气流延伸到地面或水面，就会形成龙卷风。在雷达屏幕上，一个"钩状回波"往往就代表了一个可能存在龙卷风的区域。

龙卷风可以分为多旋涡龙卷、水龙卷和陆龙卷等几类：

（1）多旋涡龙卷风指带有两股以上围绕同一个中心旋转的旋涡的龙卷风。多旋涡结构经常出现在剧烈的龙卷风上，并且这些小旋涡在主龙卷风经过的地区上往往会造成更大的破坏。多旋涡龙卷风可以呈现出一组旋风围绕同一个中心旋转，也可以完全被凝结水汽、尘土和碎片等掩盖，呈单一漏斗状。

（2）水龙卷（或称海龙卷），可以简单地定义为水上的龙卷风，通常是指在水上的非超级单体龙卷风。世界各地的海洋和湖泊等都可能出现水龙卷。水龙卷虽在定义上是龙卷风的一种，不过其破坏性要比最强大的大草原龙卷风小，但是它们仍然是相当危险的。水龙卷能吹翻小船，毁坏船只，当吹袭陆地时就有更大的破坏，并可能夺去生命。

（3）陆龙卷，是一个术语，用以描述一种和中尺度气旋没有关联的龙卷风。陆龙卷和水龙卷有一些相同的特点，例如强度相对较弱、持续时间短、冷凝形成的漏斗云较小且经常不接触地面等。虽然强度相对较弱，但陆龙卷依然会带来强

你知道吗

雷雨云

雷雨云是一大团翻腾、波动的水、冰晶和空气。当云团里的冰晶在强烈气流中上下翻滚时，水分会在冰晶的表面凝结成一层层冰，形成冰雹。这些被强烈气流反复撕扯、撞击的冰晶和水滴充满了静电。其中重量较轻、带正电的堆积在云层上方；较重、带负电的聚集在云层底部。至于地面则受云层底部大量负电的感应带正电。当正负两种电荷的差异极大时，就会以闪电的形式把能量释放出来。

风和严重破坏。

龙卷风的破坏力是非常巨大的，疾风刮起的碎片会导致建筑物受损、人员伤亡，危害不容小觑。

一旦发生了龙卷风，我们怎样才能躲避它，并把损失减少到最低程度呢？以下几点是在遭遇龙卷风时需要注意的：

（1）在家时，务必远离门、窗和房屋的外围墙壁，躲

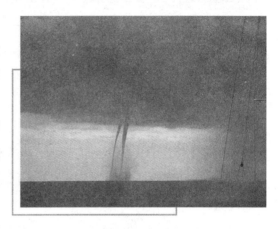

龙吸水

到与龙卷风方向相反的墙壁或小房间内抱头蹲下。躲避龙卷风最安全的地方是地下室或半地下室。

趣味点击

龙卷风走廊

在美国中西部的龙卷风走廊，每年都会爆发 1000 多次龙卷风。在那里，时速 500 千米/时的龙卷风疯狂地前进，只要走进这里，你很可能因为龙卷风抛出的"致命武器"、天空砸下的大冰雹或温度极高的闪电而丧命，所以，旅游时最好不要去龙卷风走廊。

（2）在电杆倒、房屋塌的紧急情况下，应及时切断电源，以防止电击人体或引起火灾。

（3）在野外遭遇龙卷风时，应就近寻找低洼地并伏于地面，但要远离大树、电线杆，以免被砸、被压和触电。

（4）汽车外出遇到龙卷风时，千万不能开车躲避，也不要在汽车中躲避，因为汽车对龙卷风几乎没有防御能力，应立即离开汽车，到低洼地躲避。

➡️ 风暴潮

　　风暴潮或称暴潮，是由热带气旋、温带气旋、冷锋的强风作用和气压骤变等强烈的天气系统引起的海面异常升降现象，又称"风暴增水"、"风暴海啸"、"气象海啸"或"风潮"。它与潮汐有密切关系，如果说潮汐是风暴潮发生的内因，那么台风与温带气旋、冷空气、寒潮等天气系统就是产生风暴潮的外力。

　　风暴潮会使受到影响的海区的潮位大大地超过正常潮位。如果风暴潮恰好与影响海区潮汐位的高潮相重叠，会使水位暴涨，海水涌进内陆，会造成巨大破坏。

　　科学家把风暴潮分为由热带气旋所引起的台风风暴潮（或称热带风暴风暴潮，在北美称为飓风风暴潮，在印度洋沿岸称为热带气旋风暴潮）和由温带气旋等温带天气系统所引起的温带风暴潮两大类。

　　夏秋季节，活跃在太平洋的台风经常登陆或影响我国沿海，造成严重的台风风暴潮。台风是海洋上最具破坏力的一种热带气旋，它通常生成在西北太平洋的低纬度地区。由于每个热带气旋的强度不同，目前世界气象组织给它规定了4个强度等级，不同的等级名称也不同，它们分别称为：热带气旋、热带风暴、强热带风暴、台风（下面将以台风通称）。在北半球，台风按逆时针旋转，台风眼外是台风云系涡旋区，这里有强烈的狂风暴雨发作，风速普遍有40～60米/秒，最大可达到100米/秒。台风在洋面上掀起巨浪高达10～15米，惊涛骇浪使过往的航船颠覆、淹没在汪洋大海之中。当台风临近大陆沿海，海水越过堤坝涌入内陆或堤坝决口，淹没城市、村庄、农田，将酿成极其严重的台风风暴潮灾害。

知识小链接

海 岸 线

海岸线是陆地与海洋的交界线。一般分为岛屿海岸线和大陆海岸线。它是发展优良港口的先天条件。曲折的海岸线极有利于发展海上交通运输。

我国东部海岸线漫长，南北纵跨温、热两带。春季，渤海、黄海上空是冷暖空气的交汇区，温带气旋、冷空气、寒潮等活动频繁，每隔数日便发生一次。当它们过境时带来的大风，不断地将海水吹向陆地，引起沿岸海水上涨，并侵入内陆，我们称这种天气状况下产生的风暴潮为温带风暴潮。

风暴潮灾害的轻重，除受风暴增水的大小和当地天文大潮高潮位的制约外，还取决于受灾地区的地理位置、海岸形状和海底地形、社会及经济情况，一般来说，地理位置正处于海上大风的正面袭击、海岸形状呈喇叭口、海底地形较平缓、人口密度较大、经济发达的地区，所受的风暴潮灾害相对要严重些。

风暴潮袭击

西北太平洋是台风最易生成的海区，全球台风约有 1/3 是发生在这个海区，强度也是最大的。在西北太平洋的沿岸国家中，我国是受台风袭击最多的国家。从历史资料看，几乎每隔三四年就会发生一次特大的风暴潮灾。

拓展阅读

风暴潮的等级划分

一般把风暴潮灾害划分为四个等级，即特大潮灾、严重潮灾、较大潮灾和轻度潮灾。

➡ 厄尔尼诺现象

"厄尔尼诺"一词来源于西班牙语，原意为"圣婴"。19 世纪初，在南美洲的厄瓜多尔、秘鲁等西班牙语系的国家，渔民们发现，每隔几年，从 10 月至第二年的 3 月便会出现一股沿海岸南移的暖流，使表层海水温度明显升高。南美洲的太平洋东岸本来盛行的是秘鲁寒流，随着寒流移动的鱼群使秘鲁渔场成为世界四大渔场之一，但这股暖流一出现，性喜冷水的鱼类就会大量死亡，使渔民们遭受灭顶之灾。由于这种现象最严重时往往出现在圣诞节前后，于是遭受天灾而又无可奈何的渔民将其称为上帝之子——圣婴。

后来，在科学上此词语用于表示在秘鲁和厄瓜多尔附近几千千米的东太平洋地区的海面温度的异常增暖现象。当这种现象发生时，大范围的海水温度比常年高出 3～6℃。太平洋广大水域的水温升高，改变了传统的赤道洋流和东南信风，并导致全球性的气候反常。

厄尔尼诺现象又称厄尔尼诺暖流，是太平洋赤道带大范围内海洋和大气相互作用后失去平衡而产生的一种气候现象。这一现象造成了地球温度的升高，使影响气候的各种因素失衡，从而导致气候异常。

据记载，自1950年以来，世界上共发生13次厄尔尼诺现象。1997年出现了20世纪末最严重的一次。主要表现在：从北半球到南半球，从非洲到拉丁美洲，气候变得古怪而不可思议，应该凉爽的地方却骄阳似火，温暖如春的季节突然下起大雪，雨季到来却迟迟滴雨不下，正值旱季却洪水泛滥……

厄尔尼诺引发森林大火

基本小知识

雨 季

雨季是指一年中降水相对集中的季节，即每年降水比较集中的湿润多雨的季节。在我国，南方雨季为4～9月份，北方为6～9月份。

随着观测手段的进步和科学的发展，人们发现厄尔尼诺现象不仅出现在南美等国沿海，而且遍及东太平洋沿赤道两侧的全部海域以及环太平洋国家；有些年份，甚至印度洋沿岸也会受到厄尔尼诺现象带来的气候异常的影响，并发生一系列自然灾害。总的来看，它使南半球气候更加干热，使北半球气

厄尔尼诺带来的洪灾

候更加寒冷潮湿。科学家对厄尔尼诺现象又提出了一些新的解释，即厄尔尼诺可能与海底地震、海水含盐量的变化，以及大气环流变化等有关。厄尔尼诺现象是周期性出现的，每隔2~7年出现一次。

随着科技的发展和世界各国的重视，科学家们对厄尔尼诺现象通过采取一系列预报模型、海洋观测和卫星侦察等科研活动，深化了对这种气候异常现象的认识。

（1）厄尔尼诺现象出现的物理过程是海洋和大气相互作用的结果，即海洋温度的变化与大气相关联。所以在20世纪80年代后，科学家们把厄尔尼诺现象称之为"安索"（ENSO）现象。

（2）热带海洋的增温不仅发生在南美智利海域，而且也发生在东太平洋和西太平洋。它无论在哪发生，都会迅速地导致全球气候的明显异常，它是气候变异的最强信号，并会导致全球许多地区出现严重的干旱和洪灾等自然灾害。厄尔尼诺的全过程分为发生期、发展期、维持期和衰减期，历时一般1年左右，其中大气的变化滞后于海水温度的

你知道吗

卫星

卫星是指围绕一颗行星轨道并按闭合轨道做周期性运行的天然天体，人造卫星一般亦可称为卫星。人造卫星是由人类建造，以太空飞行载具如火箭、航天飞机等发射到太空中，像天然卫星一样环绕地球或其他行星的装置。

变化。

当厄尔尼诺现象发生时，海水温度的强烈上升造成水中浮游生物大量减少，使渔业生产受到打击，同时造成一些地区发生洪涝或干旱灾害。

当前，据气象学家的研究普遍认为，厄尔尼诺事件的发生对全球不少地区的气候灾害有预兆意义。厄尔尼诺现象的发生与人类自然环境的日益恶化有关，它是地球温室效应增加的直接结果，它与人类向大自然过多索取而不注意环境保护有关。所以对它的监测已成为气候监测中的一项重要的内容。

气象奇观

　　人们常用"气象万千"来形容景象或事物壮丽而富有变化。可见，气象是多变迷幻的。

　　大自然中有很多气象奇观，例如绚丽的极光、罕见的云形、灿烂的彩虹、海市蜃楼以及其他自然气象奇观等。

　　如果能目睹这些奇特的气象奇观，将是一件非常幸运的事。

极昼和极夜

极昼与极夜是南北极圈的奇观之一，也是南北极圈特有的现象。极昼与极夜带给人们对这块神秘的土地以丰富的遐想。

极昼，就是太阳永不落，天空总是亮的，这种现象也叫白夜；所谓极夜，就是与极昼相反，太阳总不出来，天空总是黑的。

那么极昼和极夜是如何形成的呢？

地球自转时地轴与垂线成一个约23.5°的倾斜角，因而地球在围绕着太阳公转的轨道上，有6个月的时间，南极和北极中的一个总是朝向太阳，另一个总是背向太阳；如果南极朝向太阳，太阳光照射强烈，所以南极点在半年之内全是白天，没有黑夜；这时，北极则见不到太阳，北极点在半年之内全是黑夜，没有白天。到了下一个半年，则正好相反，北极朝向太阳，北极点全是白天；而南极这时则见不到太阳，南极点全是黑夜。在极圈内的地区，根据纬度的不同，极昼和极夜的长度也不同。

知识小链接

南 极 点

南极点是地球表面非常特殊的一个位置，它是地球上没有方向性的两个点之一（另一个点是北极点），站在南极点上，东、西、南三个方向完全失去意义，只有北方一个方向。

昼夜交替出现的时间是随着纬度的升高而改变的，纬度越高，极昼和极夜的时间就越长。以南极为例，在南纬 90°，即南极点上，昼夜交替的时间各为半年，也就是说，那里白天黑夜交替的时间是整整一年，一年中有半年是连续白天，半年是连续黑夜，那里的一天相当于其他大陆的一年。如果离

极夜下的科考站

开南极点，纬度越低，不再是半年白天或半年黑夜，极昼和极夜的时间会逐渐缩短。到了南纬 80°，也有极昼和极夜以外的时候才出现 1 天 24 小时内的昼夜更替。如果处于极昼的末期，起初每天黑夜的时间很短暂，之后黑夜的时间越来越长，直至最后全是黑夜，极夜也就开始了。而在南极圈（南纬 66°34′），一年当中仅有一个整天（24 小时）全是白天和一个整天全是黑夜。中国南极长城站（南纬 62°13′）处在南极圈外，在 12 月份的凌晨

极夜后的首次日出

一两点钟，天空仍然蒙蒙亮，眼力好的可以看书写字。

"北极昼"的景色是十分奇妙的。它每天 24 小时始终是白天，要是碰上晴天，即使是午夜时刻也是阳光灿烂，就像大白天一样的明朗。在"北极昼"的日子里，街上的路灯都是通夜不亮的，汽车前的照明灯也暂时失去了作用。家家

户户的窗户上都低垂着深色的窗帷，这是人们用来遮挡光线的。当"北极夜"到来的时候，那里又是另一番景象了。在漫漫长夜中，除中午略有光亮外，白天也要开着灯。因为在"北极夜"里，太阳始终不会升上地平线，星星也一直在天空闪烁。一年中有半个月的时间，可以看见或圆或缺的月亮整天在天际四周旋转。另外半个月的时间，则连月亮也看不见。这种奇特的景象，在北极中央地带要从9月中旬到第二年3月中旬，持续半年的时间。

基本小知识

中国南极长城站

中国南极长城站是中国在南极建立的第一个科学考察站，是中国为了对南极地区进行科学考察而设立的常年性科学考察站。它位于南极洲的菲尔德斯半岛上，东临麦克斯维尔湾中的小海湾——长城湾，湾阔水深，进出方便，背依终年积雪的山坡，水源充足。

在极夜来临的时候，生活在北极附近的人们便会选择出游。瑞典和挪威是受极夜影响较深的国家，在隆冬时节，北极圈内处于极夜状态，而北极圈外的部分地区每天也只能享受六七个小时的日照。在瑞典，极夜来临之际，喜爱自然的人们选择旅游来度过漫长的冬季。

极昼下的格陵兰岛

拓展阅读

极昼极夜下的生命

生存在南极洲种类不多的生物，有着奇特的环境适应能力。主要表现在耐黑暗、抗低温、耐高盐、抗干燥等方面。在漫长的极夜里，南极洲的生物主要通过变换自身的颜色、改变代谢方式、休眠等办法求得生存。

◀ 极 光

在地球南北极附近的高空，夜间常会出现美丽的极光。极光五彩缤纷，绮丽无比，在自然界中还没有哪种现象能与之媲美。

极光有时出现时间极短，犹如节日的焰火在空中闪现一下就消失得无影无踪；有时却可以在苍穹之中辉映几个小时；有时极光出现在地平线上，犹如晨光曙色；有时极光如山茶吐艳，一片火红；有时极光密聚一起，犹如窗帘幔帐；有时它又射出许多光束，宛如孔雀开屏，蝶翼飞舞……

那么，漂亮的极光究竟是怎样形成的呢？极光的发生与地球大气、地球磁场以及太阳的活动密切相关。

极光的产生主要是来自大气外的高能粒子（电子和质子）撞击高层大气中的原子的作用。这种相互作用常发生在地球磁极周围区域。太阳是一个庞大而炽热的气体球，在它的内部和表面进行着各种化学元素的核反应，产生了强大的带电微粒流，并从太阳发射出来，用极大的速度射向周围的空间。

当这种带电微粒流射入地球外围稀薄的高空大气层时，就与稀薄气体的分子猛烈地冲击起来，于是产生了发光现象，形成了极光。

研究发现，作为"太阳风"的一部分荷电粒子在到达地球附近时，被地球磁场俘获，并使其朝向磁极下落。它们与氧和氮的原子碰撞，击走电子，使之成为激发态的离子，这些离子发射不同波长的辐射，产生出红、绿、蓝等色的极光特征色彩。

阿拉斯加观测到的极光

极光大多在南北两极附近出现，很少发生在赤道地区。原因是地球像一块巨大的磁石，而它的磁极在南北两极附近。我们熟悉的指南针受地磁场的影响，总是指着南北方向，从太阳射来的带电微粒流，也受到地磁场的影响，以螺旋运动的方式趋近于地磁的南北两极。所以极光大多在南北两极附近上空出现。在离磁极25°～30°的范围内常出现极光，这个区域称为极光区。在地磁纬度45°～60°的区域称为弱极光区，地磁纬度低于45°的区域称为微极光区。在中低纬地区，尤其是近赤道区域，很少出现极光，但并不是说观测不到极光。1958年2月10日夜间的一次特大极光，在热带都能见到，而且显示出鲜艳的红色。这类极光往往与特大的太阳耀斑暴发和强烈的地磁暴有关。

知识小链接

太阳耀斑

太阳耀斑是一种剧烈的太阳活动。周期约为11年。一般认为其发生在色球层中，所以也叫"色球爆发"。其主要观测特征是，日面上突然出现迅速发展的亮斑闪耀，其寿命仅在几分钟到几十分钟之间，亮度上升迅速，下降较慢。特别是在耀斑出现频繁且强度变强的时候。

大多数极光出现在地球上空90～130千米处，但有些极光要高得多。历史上有过记载：1959年，一次北极光所测得的高度是160千米，宽度超过4800千米。美丽的极光景象常在南北极、高纬度上能看见，尤其在乡间空旷地区观察效果最佳。全球范围内，加拿大的丘吉尔城，一年有300个夜晚能见到极光；而在佛罗里达州，一年平均只能见到4次左右。我国最北端的漠河，也是观看极光的好地方。

在寒冷的极区，人们瞭望夜空，常常见到五光十色，千姿百态的极光。毫不夸张地说，在世界上找不出两个一模一样的极光，从科学研究的角度，人们将极光按其形态特征分成5种：①底边整齐微微弯曲的圆弧状的极光弧；②有弯扭折皱的飘带状的极光带；③云朵一般的片朵状的极光片；④面纱一

极　光

样均匀的帐幔状的极光幔；⑤沿磁力线方向的射线状的极光芒。

极光不仅是光学现象，而且是无线电现象，可以用雷达进行探测研究，它还会辐射出某些无线电波。极光不仅是科学研究的重要课题，它还直接影响到无线电通信，长电缆通信，以及长的管道和电力传送线等许多实用工程项目。极光还可以影响到气候，影响生物学过程。当然，极光也还有许许多多没有解开的谜。

◀ 峨眉宝光

在峨眉山金顶舍身岩上俯身下望，会看到五彩光环浮于云际，自己的身影置于光环之中，影随人移，决不分离。无论有多少人，人们所见的终是自己的身影，且"光环随人动，人影在环中"，这便是令人惊奇的峨眉宝光。

峨眉宝光，又称峨眉佛光。峨眉宝光出现在金顶处，当阳光从观察者背后照射过来至浩荡无际的云海上面时，深层的云层把阳光反射回来，经浅层云层的云滴或雾粒的衍射分化，形成了一个巨大的彩色光环。"宝光"由外到里，按红、橙、黄、绿、青、蓝、紫的次序排列，直径约 2 米。有时阳光强烈，云雾浓且弥漫较宽时，则会在小宝光外面形成一个同心大半圆宝光，直径达 20 ~ 80 米，虽然色彩不明显，但光环却分外显现。

那么，"宝光"是怎样的一种自然现象呢？

关于"宝光"的成因，国内外学者提出过多种学说，有"复杂散射"学说，有"先反射，后衍射"学说，还有"先衍射，后反射"学说。峨眉宝光呈现所需的客观条件其实并不苛刻，只要有光源和云雾，观测者介入光源和云雾之间，三者位于一条直线上，观测者就有可能看到宝光环在云雾上显现。这个宝光环的红光圈在外，紫光圈在里，其相应的光圈介于红、紫光圈之间，具体排列从外到内依次是红、橙、黄、绿、青、蓝、紫。宝光环中间的"佛"（人影）其实就是观测者自己的影子。用光学的知识解释，就是太阳光从观察者身后射入，在穿过无数组前后两个薄层的云雾滴时，其间的前一个云雾滴层对入射阳光产生分光作用，后一个云雾滴层则对被分离出的彩色光产生反射作用；反射光向太阳一侧散开或汇聚，任何一个迎接那些汇聚而来的光线的着眼点（即站在太阳和云雾之间的人），都可以见到略有差异的环形彩色光像。据记载，在峨眉山上看到这种大气光象的机会甚多，每年有七八十次。

基本小知识

光　学

　　光学，是研究光的行为和性质，以及光和物质相互作用的物理学科。传统的光学只研究可见光，现代光学已扩展到对全波段电磁波的研究。光是一种电磁波，在物理学中，电磁波由电动力学中的麦克斯韦方程组描述；同时，光具有波粒二象性，需要用量子力学表达。

　　"宝光"出现时间的长短，取决于阳光是否被云雾遮盖和云雾是否稳定，如果出现浮云蔽日或云雾流走，"宝光"即会消失。一般"宝光"出现的时间为 0.5~1 小时。而云雾的流动，促使宝光改变位置；阳光的强弱，使"宝光"时有时无。"宝光"彩环的大小则同水滴雾珠的大小有关：水滴越小，环越大；反之，环越小。

　　峨眉山金顶的舍身岩是一个得天独厚的观赏场所。19 世纪初，科学界便把这种难得的自然现象命名为"峨眉宝光"。在金顶的舍身岩前，这种自然现象并非十分难得，据统计，平均每 5 天左右就有可能出现一次便于观赏宝光的天气条件，其时间一般在午后。

除了峨眉金顶外，泰山的岱顶碧霞祠一带，也经常会出现宝光。在德国的布罗肯山，也经常有此现象发生，在当地该现象被人称为"布罗肯幻象"。

随着科学的发展，人们对宝光现象的了解加深，到

宝光乍现

这些地方观看宝光，同登山观日出一样，是一种大自然的赐予，使人们从中得到自然美的享受。

▶ 日月晕环

2009 年 7 月 5 日上午 11 点左右，在福州上空出现了一道瑰丽的自然奇观：太阳周围形成一个以太阳为中心的圆形彩色光环。光环从里到外依次为红、橙、黄、绿、青、蓝、紫 7 种颜色。这一奇观引得路人纷纷驻足观看，他们第一时间拿出相机和手机拍照，想留住这一"历史"瞬间。大约过了半小时，出现一个相对颜色浅一些的光环，然后光环慢慢地渐渐淡去，这种美丽奇观前后持续了 1 个多小时，让观看者啧啧称奇。太阳周围这个彩色的光环就是晕环，这种现象被称为"日晕"。同理，如果在月亮周围出现类似的晕环就是"月晕"。

月　晕

　　晕，俗称"风圈"，它是伴随着天空的"卷层云"而出现的。这种云距离地面约6000米以上，温度在－20℃左右。空气中水汽凝结成小冰晶，大都呈六角形柱体。当它们在空中排列混乱时，阳光或月光从六角形的一个侧面射入，又从另一个侧面折射进来，就像透过三棱镜一样，在太阳或月亮周围形成一个彩色的光环。如果冰晶对日、月光线只起反射作用，就形成一个白色的光环。常见的晕有22°和46°。如果冰晶是横着下降的，阳光从冰晶的侧面进从另一侧面出，我们看到的晕圈直径是22°；如果冰晶竖着下降，太阳光线从侧面进从底面出，就会出现直径为46°的晕圈；有时条件具备，还会形成90°的晕。晕的颜色排列与虹相反，内侧呈淡红色，外侧为紫色。晕的种类很多，有的呈环形，称之为"圆晕"；有的呈弧形，称之为"珥"；有的呈光斑形，称为"幻日"或"假日"。

　　实际上，大气中的冰晶取向是随机分布的，当日月光倾斜穿过云层时，总会在某些冰晶中发生上述折射现象，当天空中冰晶数量很多时就可以出现以日月为中心的晕环，但由于冰晶在整个天空分布不均匀，冰晶的某些取向很不稳定，造成晕环有时不完整，只能看到一些弧形光带。

晕是常见的一种光象，可是，复杂的晕就成了壮观。有时天空里同时会出现好几个太阳，或者显现着光柱、光十字和水平光环等奇景。由于这种现象罕见，所以令人惊奇。

2006 年 3 月 3 日，黑龙江省大庆市市民惊奇地发现天上有 3 个甚至 4 个太阳。当时出现

你知道吗

折 射

光从一种透明介质斜射入另一种透明介质时，传播方向一般会发生变化，这种现象叫光的折射。

三日同辉，正好是在一条线上，3 个太阳最中间这个是圆的太阳，两边的有点月牙形，边缘非常清晰。中间上面那颗太阳不是很明显，得仔细看，尤其通过镜头看的时候，第 4 个太阳能看出来。实际上，这种多日同辉的现象也属于晕的范畴。晕的两侧有的时候会产生明亮的光斑，人们观测到的时候，就感觉到上边、下边、左边、右边都有这么一种光点，就统称为几日同辉，或者是三日、四日、五日同辉。日晕现象是非常罕见的，所以引起人们的极大兴趣。

因为大庆地区基本上年年都干旱，再者这种天气现象出现的条件，要求的非常苛刻，要有充足的水汽。3 月 2 日跟 3 月 3 日这几天晚上，基本都符合这种天气现象，都是微风，同时水汽含量基本都在 40% 到 60% 、70% 这样，所以说水汽含量比较高。这在大庆地区是非常难得一见的，因而形成了这种天气现象。有的时候，我们看到是二日同辉、三日同辉、四日同辉、五日同辉，一般比较多的时候就是五日同辉。这主要是因观测者所处的位置不同与光环的夹角不一样造成的。一般当太阳、日晕、观测点这 3 点大致处在一条直线上的时候，观测到的亮点是最多的，偏离这个角度越大，可能观测到的太阳或者是月亮越少。

"日晕"多出现在春夏季节。民间有"日晕三更雨，月晕午时风"的谚语，意思是若出现日晕，夜半三更将有雨，若出现月晕，则次日中午会刮

风。日月晕环在一定程度上可以成为天气变化的一种前兆。这是因为晕通常出现在卷云和卷层云中，往往与锋面云相联系，在冷暖锋前部，由于暖湿空气沿锋面抬升，在高空形成卷层云，随着锋面推移，在锋面过境前后就会出现降水和大风。但并不是每次出现晕以后必定刮风下雨，还要根据云的发展情况分析。一般出现月晕时，下雨的可能性比出现日晕时少，而多是刮风天气。

◉▶ 海市蜃楼

1991 年 8 月 18 日，一辆长途客车奔驰在青海省察尔汗的"万丈盐桥"的公路上行驶。9 时 55 分，当汽车到达距格尔木市 70 千米的时候，旅客们惊奇地发现在西北无垠荒漠的尽头，突然出现一片水泽，随着汽车的速度不断变幻位置。10 时 14 分，淡蓝色的水泽从西北转向正西方，并奇迹般地从水泽中

海市蜃楼

叠化出一座座白色的大楼，错落别致，时隐时现。过了 3 ~ 7 分钟，楼宇逐渐减少，只留下一片水带，把远处的沙丘缓缓托起，恰似大海中一座座小岛。10 时 35 分车到流沙坪，这一奇观慢慢地隐去，远处留下一片雾霭。

下午 17 时 5 分，客车在敦桥公路 348 千米处，在客车左边约 6 千米的地方，旅客们清楚地看到了一片蔚蓝色的湖泊，湖畔伴有一片金色的麦田。这一奇观尾随客车而行走了 105 千米，当客车行驶到海拔 3822 千米的金山口时，景观在 279 千米处消失。车上所有的旅客对这一现象都感到十分惊奇，纷纷表现出不解的神情。其中一位旅客说："这是不是就是所谓的海市蜃楼呢？"

这一壮丽的景观其实就是海市蜃楼，不过因为其出现在沙漠中，所以还有"沙海蜃楼"的称号。

在我国沿海和内陆，一年四季都会出现蜃景，其中以"蓬莱仙境"最为著名。根据司马迁在《史记·封禅书》中的描述，在未到达之前，远看高耸入云，到三神山附近，却见它们反在水下，将到达时，则常常被风吹散，难以到达。十分准确、形象地表明了蓬莱海面上现蜃景和下现蜃景的变化情况。

海市蜃楼其实是一种光学幻景，是地球上物体反射的光经大气折射而形成的虚像。海市蜃楼简称蜃景，根据物理学原理，海市蜃楼是由于不同的空气层有不同的密度，而光在不同的密度的空气中又有着不同的折射率。

就像我们把筷子插入盛水的玻璃杯中后，看起来水下面的一截像折断了似的，这就是最简单地称之为折射的光学现象。即当光线倾斜地穿过密度不同的两种介质时，在两种介质接触的界面，不仅改变传播速度，而且行进的方向也发生偏折。筷子插入水中，实际上是从密度较小的空气层进入密度较大的水层，这种折射作用就使得筷子在水面以下的部分看起来像折断了。同样道理，当大气层的各部分密度相差较大时，也会发生光的折射现象。不过，大气层中的各层密度差别一般没有水和空气的那样悬殊，而且是逐渐变化的，所以光线多半是偏折为一条平滑的曲线，或者形成一条弧形的曲线。

我们看到的海市蜃景，就是由于这种光线的折射作用，也就是因地面上的暖空气与高空中冷空气之间的密度不同，光行经热空气层（密度小）的速度较冷空气层（密度大）快，因此从远处物体发出的光线，经过空气层间的折射和底层的反射后，不是沿直线进入眼睛，而是从路面下的倒影而发出。

春季或夏季，白天海水的温度比陆地低，尤其是有冷空气或冷洋流经过时，导致大气层温度呈现出下冷上暖的现象，使得低层空气密度大，高层空气密度小。这时，从海洋远方物体上反射出来的光线，由密度较大的低层空气向密度较小的高层空气行进时就要发生折射。当这种光线映入人们的眼帘时，看到的是远方空中出现的一些物体幻影，即海市蜃景。它多发生在沿海和沙漠地区，常见的有上现蜃景、下现蜃景、侧现蜃景和一些复杂蜃景。

拓展阅读

反　射

反射是一种自然现象，表现为受刺激物对刺激物的逆反应。反射的外延宽泛。物理学领域是指声波、光波或其他电磁波遇到别的媒质分界面时有部分波返回原媒质的现象；生物学领域里反射是指在中枢神经系统参与下，机体对内外环境刺激所作出的规律性反应。

上现蜃景是暖空气移到冷水面地区，导致下冷上热，期间温度梯度大，变化剧烈，低层空气密度大大超过上层。太阳光线向下面空气密度大的一方折射，使得远处的目标物向上抬升，显现在实际位置的上方。这样，远处的目标物如海岛、船只、海洋等景物看起来似乎在天空中；当上蜃充分发展时，也能看见远在地平线以下的景物。

下现蜃景常出现在下热上冷的海面或陆地上空。当冷空气移到暖水面，或烈日烤热水面、海滨及沙漠时，大气底层温度高、密度小，上层温度低、密度大，射到底层的阳光便会折回上层空气，使陆面或海面上的景物下降到地表面的下部，看起来远处的景物处在地平线以下，有时呈现倒立状态；在发展完好的下蜃中，人们有时甚至看不到在地平线以上的目标。

基本小知识

地 平 线

　　地平线指地面与天空的分隔线，其更准确的说法是将人们所能看到的方向分开为两个分类的线：一个与地面相交，另一个则不会。在很多地方，地平线会被树木、建筑物、山脉等所掩盖。如果身处海中的船上，则可以轻易看到真地平线。

蜃景有 2 个特点：①在同一地点可以重复出现，比如美国的阿拉斯加上空经常会出现蜃景；②出现的时间相对比较固定，比如我国山东蓬莱的蜃景大多出现在每年的五六月份，俄罗斯齐姆连斯克附近的蜃景往往是在春天出现，而美国阿拉斯加的蜃景一般是在 6 月 20 日以后的 20 天内出现。

当你在沙漠中行走时，如果遇到海市蜃楼很容易对自身造成误导，使陆地导航变得非常困难，因为在海市蜃楼环境中，天然特征都变得模糊不清了。海市蜃楼会使一个人很难辨别远处的物体，同时也会使远处视野的轮廓变得模糊不清，你感觉好像被一片水包围着，而那片区域高出来的部分看上去就像水中的"岛屿"。海市蜃楼还会使你识别目标、估计射程、发现人员等变得十分困难，这时就需要仔细辨认。

　　一般沙漠中出现的海市蜃楼会发生在离海岸线大约 9.6 千米的沙漠地区，会使 1.6 千米以外或更远的物体看起来似乎要移动。不过，如果你到一个高一点的地方高出沙漠地面 3 米左右，你就可以避开贴近地表的热空气，从而克服海市蜃楼幻境。总之，只要稍稍调整一下观望的高度，海市蜃楼现象就会消失，或者它的外观和高度就会发生改变。

气象术语

　　气象术语是指专门用来描述气象的语言。气象术语起到准确描述气象状况的作用。人们掌握了这些气象术语，就可以准确地知道气象情况。

　　因为我们就生活在气象之中，随时随地受它的影响，所以，不论是专业的气象工作人员还是普通大众，都要适当地掌握一些气象术语。

◢ 大 气

◎ 大气的产生

地球大气是伴随地球的形成过程，并经过了亿万年的不断"吐故纳新"，才演变成今天的这个样子。一般认为，地球大气的演变过程可以分为 3 个阶段：

（1）原始大气阶段。大约在 50 亿年前，大气伴随着地球的诞生就神秘地"出世"了。也就是科学家所说的星云开始凝聚时，地球周围就包围了大量的气体。原始大气的主要成分是氢和氦。当地球形成以后，由于地球内部放射性物质的衰变，进而引起能量的转换。这种转换对于地球大气的维持和消亡都是有作用的，再加上太阳风的强烈作用和地球刚形成时的引力较小，使得原始大气很快就消失了。

（2）次生大气阶段。地球生成以后，由于温度的下降，地球表面发生冷凝现象，而地球内部的高温又促使火山频繁活动，火山爆发时所形成的挥发气体，就逐渐代替了原始大气，而成为次生大气。次生大气的主要成分是二氧化碳、甲烷、氮、硫化氢和氨等一些分子量比较重的气体。这些气体和地球的固体物质之间，互相吸引，互相依存。

（3）现阶段大气。随着太阳辐射向地球表面的纵深发展，光波比较短的紫外线的强烈光合作用，使地球上的次生大气中生成了氧，而且氧的数量不断地增加。有了氧，就为地球上生命的出现提供了极为有利的"温床"。经过几十亿年的分解、同化和演变，生命终于在地球这个襁褓中诞生了。今天的大气虽然是由多种气体组成的混合物，但主要成分是氮，其次是氧，另外还有一些其他的气体，但数量极其微小。

现代的氧化大气是由多种气体组成的混合体，并含有水汽和部分杂质。它的主要成分是氮、氧、氩等。在 80～100 千米以下的低层大气中，气体成分可分为 2 个部分：

（1）"不可变气体成分"，主要指氮、氧、氩 3 种气体。这几种气体成分之间维持固定的比例，基本上不随时间、空间而变化。

（2）"易变气体成分"，以水汽、二氧化碳和臭氧为主，其中变化最大的是水汽。总之，大气是含有各种物质成分的混合物，并可以大致分为干洁空气、水汽、微粒杂质和新的污染物。

◎ 大气的组成及特征

自地球表面向上，随高度的增加空气越来越稀薄。大气的上界可延伸到 2000～3000 千米的高度。在垂直方向上，大气的物理性质有明显的差异。根据气温的垂直分布、大气扰动程度、电离现象等特征，一般将大气分为对流层、平流层、中间层、暖层和散逸层 5 层。

（1）对流层：大气的最下层。它的高度因纬度和季节而异。就纬度而言，低纬度平均为 17～18 千米；中纬度平均为 10～12 千米；高纬度仅 8～9 千米。就季节而言，对流层上界的高度，夏季大于冬季。

基本小知识

纬　度

纬度是指某点与地球球心的连线和地球赤道面组成的线面角，其数值在 0°～90°。位于赤道以北的点的纬度叫北纬，记为 N，位于赤道以南的点的纬度称南纬，记为 S。

对流层的主要特征：①气温随高度的增加而递减，平均每升高 100 米，气温降低 0.65℃。其原因是太阳辐射首先主要加热地面，再由地面把热量传给大气，因而愈接近地面的空气受热愈多，气温愈高，远离地面则气温逐渐降低。②空气有强烈的对流运动。地面性质不同，因而受热不均。暖的地方空气受热膨胀而上升，冷的地方空气冷缩而下降，从而产生空气对流运动。对流运动使高层和低层空气得以交换，促进热量和水分传输，对成云致雨有重要作用。③天气的复杂多变。对流层集中了 75% 的大气质量和 90% 的水汽，因此伴随强烈的对流运动，并产生水相变化，形成云、雨、雪等复杂的天气现象。

（2）平流层：自对流层顶向上 55 千米的高度，为平流层。

其主要特征：①温度随高度增加由等温分布变为逆温分布。平流层的下层随高度增加气温变化很小。大约在 20 千米以上，气温又随高度增加而显著升高，出现逆温层。这是因为在 20 ~ 25 千米高度处，臭氧含量最多。臭氧能吸收大量太阳紫外线，从而使气温升高。②垂直气流显著减弱。平流层中空气以水平运动为主，空气垂直混合明显减弱，整个平流层比较平稳。③水汽、尘埃含量极少。由于水汽、尘埃含量少，对流层中的天气现象在这一层很少见。平流层天气晴朗，大气透明度好。

（3）中间层：从平流层顶到 85 千米高度处为中间层。

其主要特征：①气温随高度增高而迅速降低，中间层的顶界气温降至 -113 ~ -83℃。因为该层臭氧含量极少，不能大量吸收太阳紫外线，而氮、氧能吸收的短波辐射又大部分被上层大气所吸收，故气温随高度增加而递减。②出现强烈地对流运动。这是由于该层大气上部冷、下部暖，致使空气产生对流运动。但由于该层空气稀薄，空气的对流运动不能与对流层相比。

（4）暖层：从中间层顶到 800 千米高度处为暖层。

暖层的特征：①随高度的增高，气温迅速升高。据探测，在 300 千米高度上，气温可达 1000℃以上。这是所有波长小于 0.175 微米的太阳紫外辐射都被该层的大气物质所吸收，从而使其增温的缘故。②空气处于高度电离状态。这一层空气密度很小，在 270 千米高度处，空气密度约为地面空气密度的 $1/10^{10}$。由于空气密度小，在太阳紫外线和宇宙射线的作用下，氧分子和部分氮分子被分解，并处于高度电离状态，故暖层又称电离层。电离层具有反射无线电波的能力，对无线电通讯有重要意义。

（5）散逸层：暖层顶以上，称散逸层。它是大气的最外一层，也是大气层和星际空间的过渡层，但无明显的边界线。这一层，空气极其稀薄，大气质点碰撞机会很小。气温也随高度增加而升高。由于气温很高，空气粒子运动速度很快，又因距地球表面远，受地球引力作用小，故一些高速运动的空气质点不断散逸到星际空间，散逸层由此而得名。据资料证明，在地球大气层外的空间，还围绕着由电离气体组成的极稀薄的大气层，称为"地冕"。它一直伸展到 22 000 千米高度。由此可见，大气层与星际空间是逐渐过渡的，并没有截然的界限。

大气总质量约为 5.3×10^{18} 千克，约占地球总质量的 $1/10^7$。低层大气以氮、氧为主，并有少量惰性气体。大气的海平面平均气压为 1013.3 百帕，气温为 15℃，密度为 1.225 千克/立方米。大气密度随着距离地面高度的增加而呈指数下降并逐渐趋于稀薄，其向行星际空间过渡且无明确的上界，一般将大气上界定为距地面约 1000 千米处。这也是极光出现的最大高度。

◎ 大气层的作用

作为地球主要能源的太阳辐射经过大气层传输到地面，大气层对地球辐射平衡起着关键作用。白天灼热的太阳发出强烈的短波辐射，大气层能让这些短波光顺利地通过，而到达地球表面，使地表增温。晚上，没有了太阳辐射，地球表面向外辐射热量。因为地表的温度不高，所以辐射是以长波辐射为主，而这些长波辐射又恰恰是大气层不允许通过的，故地表热量不会丧失太多，地表温度也不会降得太低。这样，大气层就起到了调节地球表面温度的作用。

像鱼类生活在水中一样，我们人类生活在地球大气的底部，并且一刻也离不开大气。大气为地球生命的繁衍，人类的发展，提供了理想的环境。它的状态和变化，时时处处影响到人类的活动与生存。

天 气 系 统

◎ 天气系统概述

天气系统是指具有一定的温度、气压或风等气象要素空间结构特征的大气运动系统。如有的以空间气压分布为特征组成高压、低压、高压脊、低压槽等。有的则以风的分布特征来分，如气旋、反气旋、切变线等。有的又以温度分布特征来确定，如锋。还有的则以某些天气特征来分，如雷暴、热带云团等。通常构成天气系统的气压、风、温度等气象要素之间都有一定的配置关系。

各类天气系统都有一定的特征尺度。空间尺度主要以天气系统的水平尺度的大小来衡量，水平尺度指天气系统的波长或扰动直径；时间尺度以天气系统的生命史的时间长短来衡量，生命史指天气系统由新生到消亡的生消过程。一般天气系统的水平尺度越大，其时间尺度也越长。

◎ 天气系统的特征尺度与发展

大气中各类天气系统的特征尺度相差很大。有大至上万千米的，如超长波、副热带高压；也有小至几百米的，如龙卷。按特征尺度大致可分为5类，即：行星尺度天气系统、天气尺度天气系统、中间尺度天气系统、中尺度天气系统和小尺度天气系统。

知识小链接

副热带高压

副热带高压是指位于副热带地区的暖性高压系统。它对中高纬度地区和低纬度地区之间的水汽、热量、能量的输送和平衡起着重要的作用，它是夏季影响中国大陆天气的主要天气系统。

　　各种天气系统发展的不同阶段有其相应的天气现象分布。天气系统可以通过各种天气图和卫星云图等分析工具分析出来。在天气预报中通过对各种系统的预报，可以大致预报未来一段时间内的天气变化。许多天气系统的组合，构成大范围的天气形势，构成半球甚至全球的大气环流。

　　天气系统总是处在不断地新生、发展和消亡之中。各种天气系统有不同的生消条件和能量来源。即使特征尺度同属一类的系统，其生消条件和能量来源也有所不同。比如温带气旋的发展条件，主要由其上空涡度平流所引起的空气辐散的强弱决定，其能量来源于大气的斜压性所储存的有效势能。台风的发生和维持是由于热带扰动的潜热释放，而潜热的释放同热带大气的位势不稳定和对流不稳定有关，其能量主要来源于海洋供给的水汽在凝结过程中释放的潜热。强对流性的中小尺度天气系统，主要是由于位势不稳定空气受到急剧抬升而发展起来的，其能量也是来源于潜热释放。再者，天气系统往往不是闭合的，一个系统的空气经常不停地与周围系统的空气发生交换。随着这种交换，系统与系统之间的动量、能量等进行交换，从而引起系统的生消以及系统之间的相互作用。

基本
小知识

能　量

能量是度量物质运动的一种物理量。相应于不同形式的运动，能量分为机械能、分子内能、电能、化学能、原子能等。

◎ 天气系统的影响

一般来说，大的天气系统制约并孕育着小的天气系统的发生和发展，小的天气系统产生后又能对大的天气系统的维持和加强起反馈作用。研究天气系统生消的条件和能量来源，以及研究系统之间的相互作用，是天气学的主要任务之一。

天气系统与大气环流之间，不仅在流型上有关联，而且存在着内在的联系。如大尺度天气系统的活动，通过热量、动量的南北输送以及能量的转换，对于大气环流的维持起着重要作用。而大气环流的热力状况和基本风系

拓展阅读

常见的风

阵风：当空气的流动速度时大时小时，会使风变得忽而大，忽而小，吹在人的身上有一阵阵的感觉，这就是阵风。

旋风：当空气携带灰尘在空中飞舞形成旋涡时，就是旋风。

焚风：当空气跨越山脊时，背风面上容易产生一种热而干燥的风，就叫焚风。

的特点，如西风气流的水平变化和垂直变化等，又反过来制约着大尺度天气系统，直接影响着大尺度天气系统的发展。天气系统组合的演变，如纬向环流的恢复、波动群速的传播，以及行星尺度天气系统的发展等，可以导致相当广泛地区甚至全球范围大气环流的变化。大气环流的变化又是造成大范围

长时期天气变化的条件和机制。

🌀 大 气 环 流

◎ 大气环流的概述

　　大气环流，一般是指具有世界规模的、大范围的大气运行现象，既包括平均状态，也包括瞬时现象，其水平尺度在数千千米以上，垂直尺度在10千米以上，时间尺度在数天以上。某一大范围的地区（如欧亚地区、半球、全球），某一大气层次（如对流层、平流层、中层甚至整个大气圈）在一个长时期（如月、季、年、多年）的大气运动的平均状态或某一个时段（如一周、梅雨期间）的大气运动的变化过程都可以称为大气环流。

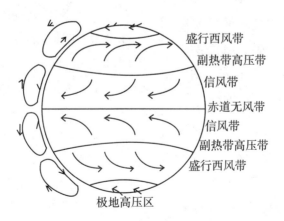

盛行西风带
副热带高压带
信风带
赤道无风带
信风带
副热带高压带
盛行西风带
极地高压区

大气环流示意图

地球上的空气为什么会流动呢?

（1）来自太阳辐射。太阳辐射是地球上大气运动能量的来源，由于地球的自转和公转，地球表面接受太阳辐射能量是不均匀的。热带地区多，极区少，从而形成大气的热力环流。

（2）由于地球的自转。在地球表面运动的大气都会受地转偏向力作用而发生偏转。

（3）由于地球表面海陆分布不均匀。

（4）因为大气内部南北之间热量、动量的相互交换。

以上因素构成了地球大气环流的平均状态和复杂多变的形态。

◎ 大气环流的组成

大气环流通常包含平均纬向环流、平均水平环流和平均径圈环流三部分。

（1）平均纬向环流。指大气盛行的以极地为中心并绕其旋转的纬向气流，这是大气环流的最基本的状态。就对流层平均纬向环流而言，低纬度地区盛行东风，称为东风带（由于地球的旋转，北半球多为东北信风，南半球多为东南信风，故又称为信风带）；中高纬度地区盛行西风，称为西风带（其强度随高度增大，在对流层顶附近达到极大值，称为西风急流）；极地还有浅薄的弱东风，称为极地东风带。

你知道吗

极地东风带

极地东风带是位于极地高气压带和副极地低气压之间（约南北纬60至90度之间）的行星风带，此风带的风相当地干燥冷冽。由极地高压吹往副极地低压的气流在地转偏向力的作用下，偏转成东风。与西风带不同的是，极地东风风势偏弱，且非常年吹拂。

（2）平均水平环流。指在中高纬度的水平面上盛行的叠加在平均纬向环流上的波状气流（又称平均槽脊），通常北半球冬季为 3 个波，夏季为 4 个波，三波与四波之间的转换表征季节变化。

（3）平均径圈环流。指在南北垂直方向的剖面上，由大气经向运动和垂直运动所构成的运动状态。通常，对流层的径圈环流存在 3 个圈：低纬度是正环流或直接环流（气流在赤道上升，高空向北，中低纬下沉，低空向南），又称为哈德里环流；中纬度是反环流或间接环流（中低纬气流下沉，低空向北，中高纬上升，高空向南），又称为费雷尔环流；极地是弱的正环流（极地下沉，低空向南，高纬上升，高空向北）。这 3 个圈构成三圈环流，也就是纬度环流，还被称为气压带风带。

拓展阅读

纬度环流

　　纬度环流亦称行星风系或气压带风带，地球上的风带和环流由三个对流环流所推动：哈德里环流、费雷尔环流以及极地环流。有时候同一种环流可以在同一纬度有数个同时存在，随机地随时间移动、互相合并与分裂。为了简单起见，同一种环流通常当作一个环流处理。

◎ 大气环流的影响

　　大气环流是完成"地球—大气"系统角动量、热量和水分的输送和平衡，以及各种能量间的相互转换的重要机制，同时又是这些物理量输送、平衡和转换的重要结果。同时，大气环流构成了全球大气运动的基本形势，是全球气候特征和大范围天气形势的主导因子，也是各种尺度天气系统活动的背景。

　　因此，研究大气环流的特征及其形成、维持、变化和作用，掌握其演变规律，不仅是人类认识自然的重要组成部分，而且还将有利于改进和提高天气预报的准确率，有利于探索全球气候变化，以及更有效地利用气候资源。

气 团

◎ 气团的形成

人们都有这样的体会：南风劲吹，气温会逐渐升高；一旦北风骤起，气温又会明显降低。其实，这就是不同属性的气团控制的结果。

大气的热量主要来自地球表面，空气中的水汽也来自地球表面水分的蒸发，所以下垫面是空气最直接的热源，也是最重要的湿源。气团形成的条件首先需要有大范围的性质比较均匀的下垫面，广阔的海洋、冰雪覆盖的大陆、一望无际的沙漠等，都可作为形成气团的源地。此外，气团形成还应具备适当的流场条件，使大范围的空气能在源地上空停留较长的时间或缓慢移动，通过大气中各种尺度的湍流、对流、辐射、蒸发和凝结及大范围的垂直运动等物理过程与地球表面进行水汽与热量交换，从而获得与下垫面相应的比较均匀的温、湿特性。

适当的流场通常是指准静止的大型的高压流场。在准静止的高压控制下，高压中的辐散下沉运动，可以使大气中的温度、湿度的水平梯度减小，增加大气中温、湿特性的水平均匀性，同时稳定的环流可使空气较长时间地缓慢移动在温、湿特性比较均匀的下垫面上，使空气有足够长的时间取得下垫面的温、湿特性。例如，西伯利亚地区冬季为一个不大移动的高压所盘踞，是形成干冷气团的源地。在我国东南方向的辽阔海洋上常有太平洋高压存在，是形成暖湿气团的源地。

高气压

　　高气压是指一个气压高于周边地区的区域，或称反气旋。在北半球高气压区域内的空气作顺时针方向旋转，在南半球则逆时针方向。高气压区一般风力比较小，空气下沉。通过绝热过程下沉气流一般使得500米以下的造成云或者雾的水滴蒸发，因此高气压区通常天气晴朗。白天，由于没有云来反射阳光或者地面的热量，夏季在高气压区比较热，而冬季则比较冷。在夜间由于没有云阻挡热量的散失，气温不论在哪个季节一般都比较低。

◎ 不同类型的气团

　　气团的属性不是一成不变的。当它离开其源地移到另一性质不同的地区时，在新的下垫面作用下，其属性会随之发生相应的变化。当气团在广阔的源地上取得大致与源地相同的物理属性后，离开源地移至与源地性质不同的下垫面时，二者间又发生了热量与水分的交换，则气团的物理属性又逐渐发生变化，这个过程称为气团的变性。例如，源自西伯利亚的干冷气团在南移的过程中，经过蒙古高原、中国北方和南方这些越来越暖而湿的下垫面，气团也会逐渐变暖变湿，在特定的条件下，甚至会变成暖而湿的气团。

　　对于不同的气团来说，其变性的快慢是不同的。一般说来，冷气团移到暖的地区变性快，而暖的气团移到冷的地区变性慢。这是因为，当冷气团离开源地后，气团低层要变暖、增温，逐渐趋于不稳定，对流易发展，能很快地把低层的热量和水汽向上输送；相反，当暖气团离开源地后，由于气团低层不断变冷，气团逐渐趋于稳定，对流不易发展，因此，气团变性较慢。

气团按其热力特性可分为冷气团和暖气团2大类。凡是气团温度低于流经地区下垫面温度的，叫冷气团；相反，凡是气团温度高于流经地区下垫面温度的，叫暖气团。这里的冷、暖均是相比较而言，至于温度低到多少度才是冷气团，温度高到多少度才是暖气团，则没有绝对的数量界限。一般形成在冷源地的气团是冷气团，形成在暖源地的气团是暖气团。两气团相遇，温度低的是冷气团，温度高的是暖气团。

根据气团形成源地的地理位置，也可以对气团进行分类，称为气团的地理分类。按这种分类法把气团分成北极气团、温带气团、热带气团、赤道气团4大类。由于源地地表性质不同，又将每种气团（赤道气团除外）分为海洋性和大陆性两种，这样，总共分为7种气团。

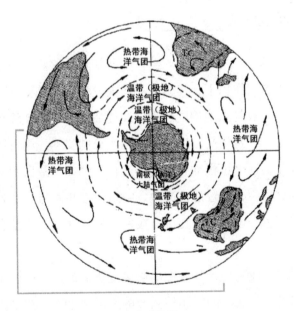

南半球气团

（1）北极（冰洋）大陆气团：源地在北极附近的冰雪表面上，特点是温度低、气压高、湿度小、气层稳定。当它侵入一个地区时，就形成寒潮。我国境内看不到它的活动。

（2）北极（冰洋）海洋气团：源地也在北极地区，是北冰洋未封冻时所形成的，它的特点是比北极（冰洋）大陆气团温度稍高，湿度较大，多在高纬度地区活动。

（3）温带（极地）大陆气团：源地在西伯利亚和蒙古。冬季，这种气团形成于强烈冷却的、积雪覆盖的大陆表面上。低层温度很低，有强烈逆温现象，空气层稳定；夏季，受大陆热力状况的影响，空气层不稳定。冬季出现在我国东北地区北部、新疆北部和内蒙古地区。影响我国的多是变性温带大陆气团，势力强，维持时间长，影响范围广，是我国冷空气活动的主要来源。

（4）温带（极地）海洋气团：源于温带洋面，冬夏情况有显著不同。冬季低层接触洋面，温度较高，湿度较大，常不稳定，易形成对流云，有时产生降水；夏季与温带大陆气团性质差不多，对我国影响不大。

（5）热带海洋气团：太平洋副热带高压区域和大西洋亚速尔高压区域是它的主要源地。特征是温度高、湿度大，在海上因空气下沉，天气晴朗，影响我国的是变性热带海洋气团。夏季，

拓展阅读

我国境内的气团

中国大部分地区处于中纬度地区，冷、暖气流交绥频繁，缺少气团形成的环流条件；同时，地表性质复杂，没有大范围均匀的下垫面可作气团源地，因而，活动在中国境内的气团，大多是从其他地区移来的变性气团，其中最主要的是极地大陆气团和热带海洋气团。

它是控制我国天气的主要气团之一，在它控制下，可以出现干旱、晴热的天气，当它的北缘与变性温带气团相遇时，可出现降水天气。

（6）热带大陆气团：主要源于副热带沙漠地区。如中亚、西南亚、北非撒哈拉沙漠等地。特征是炎热、干燥。夏季常影响我国西北地区，为最干热

的气团。

（7）赤道气团：形成于赤道附近的洋面，具有高温高湿的特征。盛夏时，它影响我国华南一带，天气湿热，常有雷雨产生。

活动于我国的主要气团，随季节而有变化。冬季以极地大陆气团为主，我国南方部分地区则会受热带海洋气团影响。夏季主要受热带海洋和热带大陆气团影响，在我国北方则仍会受极地大陆气团影响。春、秋季则主要有变性极地大陆气团和热带海洋气团。

基本小知识

气团对我国冬季的影响

在我国，冬季主要受变性极地大陆气团影响，它的源地在西伯利亚和蒙古，称之为西伯利亚气团。它所控制的地区，天气干冷。此外，来自北太平洋副热带地区的热带海洋气团可影响到我国的华南、华东和云南等地。北极气团也可能南下侵袭中国，造成气温急剧下降的强寒潮天气。

气旋和反气旋

◎ 气旋及其类型

大气中存在着各种各样、大大小小的涡旋，它们有的逆时针旋转，有的顺时针旋转，其中大型的水平涡旋，我们分别称为气旋和反气旋，即低压和高压。

气旋是指北（南）半球，大气中水平气流呈逆（顺）时针旋转的大型涡旋。在同高度上，气旋中心的气压比四周低，又称低压。它在等高面图上表现为闭合等压线所包围的低气压区，在等压面图上表现为闭合等高线所包围的低值区。气旋近似于圆形或椭圆形，大小悬殊。小气旋的水平尺度为几百千米，大的可达三四千千米，属天气尺度天气系统。气旋分类的方法很多，通常按气旋形成和活动的主要地区或热力结构进行分类。按地区不同，可分为温带气旋、热带气旋和极地气旋性涡旋等；按热力结构的不同，可分为冷性气旋和热低压等。温带气旋大多数属锋面气旋。热带气旋和地方性热低压属暖性低压。发生在热带洋面上强烈的气旋性涡旋，当其中心风力达到一定程度时，就称为台风或飓风；当其移入温带后，将逐渐具有温带气旋的特色。影响我国的温带气旋主要有以下几种：

（1）江淮气旋：在淮河流域和长江中下游一带形成并发展的锋面气旋，春季最为常见。其路径多沿长江、淮河一带东移出海，然后掠过日本列岛或朝鲜半岛向东北移去。江淮气旋对华东及东部海区影响很大，常会有降雨天气甚至暴雨出现，气旋西部有偏北大风，东部则有强东南风，对东海、黄海的海上运输、作业和渔业危害很大。

（2）黄河气旋：生成于河套及黄河下游地区的锋面气旋，夏季出现的概率最高。其路径大体沿黄河东移进入渤海或黄海北部，然后经朝鲜半岛进入日本海。它常可造成华北、东北南部

你知道吗

暴　雨

中国气象上规定，24小时降水量为50毫米或以上的强降雨称为"暴雨"。由于各地降水和地形特点不同，所以各地暴雨洪涝的标准也有所不同。特大暴雨是一种灾害性天气，往往造成洪涝灾害和严重的水土流失，导致工程失事、堤防溃决和农作物被淹等重大的经济损失。特别是对于一些地势低洼、地形闭塞的地区，雨水不能迅速宣泄造成农田积水和土壤水分过度饱和，并形成地质灾害。

和山东等地的大雨或暴雨，入海后有的会产生强烈大风。

（3）蒙古气旋：源于蒙古国的锋面低压系统，春季和秋季最为多见。其移行路径有2条：①向东进入我国内蒙古，然后经东北平原沿松花江下游继续东移。②东南移进入我国华北，入渤海再经朝鲜半岛东去。蒙古气旋对我国北方的天气影响很大，主要表现为大风、扬沙和降雨，尤其以大风最为突出。我国北方的春季大风天气多与该气旋影响有关。

◎ 反气旋及其类型

反气旋，是指中心气压比四周气压高的水平空气涡旋，是气压系统中的高压。北半球反气旋中，低层的水平气流呈顺时针方向向外辐散，南半球反气旋则呈逆时针方向向外辐散。反气旋的水平尺度比气旋更大，如冬季的蒙古—西伯利亚高压占据亚洲大陆面积的1/4。反气旋中心气压值一般为102～103千帕，最高达107.8千帕。反气旋中风速较小，地面最大风速也只有20～30米/秒，中心区风力微弱。反气旋主要分为以下两种：

（1）温带冷性反气旋。冬半年，大陆表面强烈辐射冷却，空气在大陆上聚集而形成冷高压。夏季冷空气向东南方向活动，迫使暖气团抬升，促使水汽上升凝结成云致雨。

（2）副热带反气旋。副热带高压是一个稳定、少动、极其深厚的暖性高压，具有大范围的下沉气流，在其控制下，天气晴朗。大陆上常年受副热带高压控制的地区，气候异常干燥。

拓展思考

气旋与反气旋的判断

判断气旋与反气旋，遵守螺旋定则。南半球用左手，北半球用右手。大拇指的指向是气旋中心空气的上下，四指的指向是该天气系统的旋转方向。

⟫ 锋

大气中不同属性的气团（如冷气团和暖气团）之间常会形成一个狭窄的过渡带，这就是锋。

锋的水平长度为数百千米至数千千米，水平宽度却很窄，在近地面层仅有数十千米，因此可以将它看成一个面，称为锋面。锋面与地面的交线，叫作锋线。锋面在空间呈倾斜状态，它的下面是冷气团，上面是暖气团。在锋附近，空气运动异常活跃，天气变化剧烈，气象要素差别明显。

根据锋两侧冷、暖气团的移动情况可将锋分为冷锋、暖锋和准静止锋等几种类型。

（1）冷锋：冷气团主动向暖气团推进，并取代暖气团原有位置所形成的锋称之为冷锋。由于冷气团的密度大，暖气团的密度小，所以冷暖气团相遇时，冷气团就会插到暖气团的下面，暖气团被迫抬升。在上升过程中，大气逐渐冷却，如果暖气团中含有大量的水分，就会形成降水天气；如果水汽含量较少，便形成多云天气。

冷锋在地面形势图上常以蓝色的锯齿状线条表示。在卫星云

广角镜

准静止锋

锋面两侧冷、暖气团势均力敌，或遇地形阻挡，移动幅度很小，我们将这类锋面称为准静止锋。多出现连续性降雨天气。

事实上，绝对的静止是没有的。在这期间，冷暖气团同样是互相斗争着，有时冷气团占主导地位，有时暖气团占主导地位，使锋面来回摆动。

气象预报上一般把天气图上 6 小时内锋面位置无大变化，作为判断准静止锋的依据。影响我国的准静止锋主要有：华南准静止锋，江淮准静止锋，昆明准静止锋，天山准静止锋。

图上，冷锋云系一般表现为一条"东北—西南"走向的狭长云带。一般而言，冷气团的势力越强，气象要素的变化就越剧烈。冷锋的南移速度差异很大，慢的日行数百千米，快的可达数万米以上。

在我国，冷锋的强度，冬季最强，常能直驱华南及南海，而造成寒潮天气。夏季，冷锋较弱，主要活动在北方，夏季的冷锋常带来雷阵雨天气。

华北地区是中国境内冷锋活动的必经之地。东北地区则一年四季都有冷锋活动，尤其是春秋季节，冷锋活动频繁。冬天，冷锋主要引起降温和大风，夏天产生雷雨天气。

（2）暖锋：当暖气团推动冷气团，而使锋面向冷气团一侧移动时，这种锋叫作暖锋，即天气预报中提到的暖空气前锋。由于暖气团的密度较小，所以暖气团就会爬升到冷气团的上方，导致水汽凝结成云或雨。因为暖锋移动的速度比冷锋要慢，因此可能会连续几天降雨或有雾。

冷锋天气图　　　　　　　暖锋天气图

地面形势图中以带圆弧的红色线条表示暖锋。在我国，单独的暖锋并不多见，它多和冷锋成对出现：在气旋中心的南侧，冷锋向东南推进；在中心的东侧，暖锋向北移动。春秋季一般出现在江淮流域和东北地区，夏季多出现在黄河流域。暖锋过境之前，常有连续性降雨。当暖锋到来时，首先见到的是一缕缕羽毛状的卷云，然后是高层云，最后是雨层云，雨层云将带来降雨。暖锋过境后，气温和湿度上升。

（3）准静止锋：当冷、暖气团势均力敌时，其间的锋面便很少移动，这时的锋称作准静止锋。我国的准静止锋多由冷锋在移动中受地形阻挡而形成，典型的如天山准静止锋、华南准静止锋和云贵准静止锋等。当春、秋季节冷空气南下至华南时，受南岭阻挡而停滞形成华南准静止锋，这种锋常可造成江南南部甚至中部长时间的低温阴雨，而其时的华南沿海却往往是天气晴朗，暖意融融。

拓展阅读

冷锋与沙尘暴

冬春季节，来自蒙古高压的冷空气南下形成冷锋，而冷锋锋前暖气团比较干燥，难以形成降水。而我国华北地区气温回升，雨带尚未移来，蒸发大于降水，气压低，冰雪已化，植被未恢复易产生沙尘天气。当沙尘天气的强度达到一定程度时，便称为沙尘暴。锋面气旋中的冷锋造成的沙尘天气难以形成降水，若形成冷锋系统则可能会产生大的沙尘暴。

▶ 能见度

能见度是反映天气透明度的一个指标，是指视力正常的人，在当时的天气条件下所能看清楚目标轮廓的最大水平距离，一般用千米或米表示。

目标物的能见度，与大气透明度和目标物同背景的亮度对比有关。当天气晴朗、大气透明度良好时，能见度就好；反之，当空气混浊，特别是有雾、霾、烟、风沙及降水时，能见度就差。在空气特别干净的北极或是山区，能见度能够达到 70 ~ 100 千米，然而能见度通常由于大气污染以及湿气而有所降低。烟雾可将能见度降低至 0，这对于开车开船来说是非常危险的，同样，在沙尘暴发生的沙漠地区以及有森林大火的地方驾车都是十分危险的。雷雨天气的暴雨不仅使能见度降低，同时由于地面湿滑而不能紧急制动。暴风雪天气也属于低能见度的范畴内。

在大气透明度不变的条件下，如果目标物同背景的亮度对比较大，则能见距离较远；相反，则能见距离较近。军队中广泛采用的迷彩色装备和服装，就是应用了目标物同背景的亮度对比越小能见度越小这一原理，以便自己尽可能不被敌人发现。

你知道吗

珍珠港

珍珠港地处瓦胡岛南岸的科劳山脉和怀阿奈山脉之间平原的最低处，与唯一的深水港火奴鲁鲁港相邻，是美国海军的基地和造船基地，也是北太平洋岛屿中最大最好的安全停泊港口之一。

一般情况下，人们并不太注意能见度这一气象要素，但对航空、航海和公路、铁路运输而言，能见度就显得相当重要了。恶劣的能见度常是坠机、翻船和撞车的元凶，旅客因此而延误了行期，生产活动因此而受到影响则更为常见。在第二次世界大战中，日本舰队就是利用了恶劣天气和能见度极差的气象条件而在太平洋上长途跋涉，成功地偷袭了珍珠港。

能见度不足 100 米通常被认为 0。在这种情况下道路会被封锁，自动警示灯和牌子会被激活以提醒司机朋友，这些警示牌通常放在经常性出现低能见度的区域，尤其是发生了重大的交通事故比如汽车连环撞击事件的地方。

测量大气能见度一般可用目测的方法，也可以使用大气透射仪、激光能见度自动测量仪等测量仪器测量。目前，能见度的观测大都还是以人工目测为主，规范性、客观性相对较差。

💨 季　风

　　季风在我国有不同的名称，如信风、黄雀风、落梅风，在沿海地区又叫舶风。所谓舶风即夏季从东南洋面吹至我国的东南季风。由于古代海船航行主要依靠风力，冬季的偏北季风不利于从南方来的船舶驶向大陆，只有夏季的偏南季风才能使它们到达中国海岸。因此，偏南的夏季风又被称作舶风。当东南季风到达我国长江中下游时，这里具有地区气候特色的梅雨天气便告结束，开始了夏季的伏旱。

我国的季风和非季风区

　　季风形成的原因，主要是海陆间热力环流的季节变化。夏季大陆增热比海洋剧烈，气压随高度变化慢于海洋上空，所以到一定高度，就产生从大陆指向海洋的水平气压梯度，空气由大陆指向海洋，海洋上形成高压，大陆形成低压，空气从海洋流向大陆，形成了与高空方向相反的气流，构成了夏季的季风环流。在我国为东南季风和西南季风。夏季风特别温暖而湿润。

世界上著名的季风区

亚洲地区是世界上最著名的季风区，其季风特征主要表现为存在两支主要的季风环流，即冬季盛行东北季风和夏季盛行西南季风，并且它们的转换具有暴发性的突变过程，中间的过渡期很短。一般来说，11月至翌年3月为冬季风时期，6～9月为夏季风时期，4～5月和10月为夏、冬季风转换的过渡时期。但不同地区的季节差异有所不同，因而季风的划分也不完全一致。

冬季，大陆气温比邻近的海洋气温低，大陆上出现冷高压，海洋上出现相应的低压，气流大范围地从大陆吹向海洋，形成冬季季风。冬季季风在北半球盛行北风或东北风，尤其是亚洲东部沿岸，北向季风从中纬度一直延伸到赤道地区，这种季风起源于西伯利亚冷高压，它在向南爆发的过程中，在东亚及南亚产生很强的北风和东北风。非洲和孟加拉湾地区也有明显的东北风吹到近赤道地区。东太平洋和南美洲虽有冬季风出现，但不如亚洲地区显著。

夏季，海洋温度相对较低，大陆温度较高，海洋出现高压或原高压加强，大陆出现热低压；这时北半球盛行西南和东南季风，尤其以印度洋和南亚地区最显著。西南季风大部分源自南印度洋，在非洲东海岸跨过赤道到达南亚和东亚地区，甚至到达我国华中地区和日本；另一部分东南风主要源自西北太平洋，以南风或东南风的形式影响我国东部沿海。

东亚的季风暴发最早，从5月上旬开始，自东南向西北推进，到7月下旬趋于稳定，通常在9月中旬开始回撤，路径与推进时相反，在偏北气流的反击下，自西北向东南节节败退。

影响我国的夏季风起源于3支气流：

（1）印度夏季风，当印度季风北移时，西南季风可深入到我国大陆。

（2）流过东南亚和南海的跨赤道气流，这是一种低空的西南气流。

（3）来自西北太平洋副热带高压西侧的东南季风，有时会转为南或西南气流。

季风活动范围很广，它影响着地球上 1/4 的面积和 1/2 人口的生活。西太平洋、南亚、东亚、非洲和澳大利亚北部，都是季风活动明显的地区，尤以印度季风和东亚季风最为显著。中美洲的太平洋沿岸也有小范围的季风区，而欧洲和北美洲则没有明显的季风区，只出现一些季风的趋势和季风现象。

气象科技

　　气象科技，具体是指为避免或者减轻气象灾害，合理利用气候资源，在适当条件下通过科技手段对局部大气的物理、化学过程进行人工影响，实现增雨、增雪、防雹、消雨、消雾、防霜等目的的活动。

　　近年来，随着人类科技的进步，人工手段干预天气的现象越来越多。通过合理的人工干预，可以减少许多气象灾害，其中人工防雹、人工防霜冻尤其有效。此外，人工干预气象还能增加工农业产值，并为人们的出行提供便利。

人工影响天气

　　人工影响天气又称人工控制天气，是指根据人们的意愿，通过人为干预，使某些局地天气现象朝有利于人们预定目的的方向转化，以克服或减轻恶劣天气引发的灾害。人工影响天气是人们通过科学技术改造自然的一种措施，是人们在认识自然的基础上对自然的利用。

　　人工影响天气主要是对天气过程中的某一个环节施加影响，因势利导，而并非改变某种天气过程。一次天气过程中往往蕴含着巨大的能量，比如一个10立方千米的云体，其含水量的凝结潜热相当于10万吨煤燃烧发出的热量，而一个台风的水汽每分钟释放的潜热，便相当于20个百万吨级核弹爆炸所释放的能量数。因此直接制造和消灭一个天气过程是不可能的，比较现实的做法是在云、降水和其他过程中的某些关键环节，施放一些催化剂，促使天气过程按预定方向发展。

　　人工影响天气并不是我们现代人的专利，其发展史可以追溯到17世纪，当时人们对天气的影响主要是消除冰雹带来的危害。对于当时农业经济的社会来说，一次冰雹可能会使地里的庄稼颗粒无收，人们也会因此而食不果腹，它给人们带来的危害是相当严重的。于是，人们便想出利用土炮、火炮来轰击云层，使云层气温升高，从而在一定程度上消除冰雹带来的灾害。在18世纪的欧洲，意大利人也曾总结民间防雹措施，包括教堂敲钟、打炮、爆炸等。

　　人们最早对天气的影响除了人工消除冰雹，就是人工增雨。"天降甘霖"是人们对雨的一种渴望，但同时人们也害怕暴雨带来的灾害，所以人们渴望对天空中的雨进行控制。

真正意义上的人工影响天气的科学活动始于 1946 年的美国。科学家发现干冰和碘化银可作为高效的冷云催化剂。通过对马萨诸塞州西部一座山的上空一块过冷层云上部撒播干冰，实施了人类首次对过冷云进行的科学催化试验。撒播干冰后 5 分钟内几乎整个云都转化成雪，并形成雪幡降落然后升华消失。几乎与此同时，人们开始注意冰的成核作用，当了解到冰晶可在具有与它类似的晶体结构的物质上核化附生接长之后，又发现了纯度较高的碘化银作为成冰异质核的突出效应，可在过冷水滴中产生大量冰晶。科学家的伟大发现开创了人工影响天气的新时代。

此后，许多国家都陆续开始了人工影响天气的研究。

目前，人工影响天气主要是进行人工增雨和人工消雹，还包括人工消云、消雨、消雾、防霜等。

基本小知识

干　冰

干冰是二氧化碳的固态存在形式，二氧化碳常态下是一种无色无味的气体，自然存在于空气中，虽然二氧化碳在空气中的含量相对很小，但它是我们所认识到的最重要的气体之一。干冰极易挥发，升华为无毒、无味，比固体面积大 1000 倍的气体二氧化碳，所以干冰不能储存于密封性能好、体积较小的容器中，很容易爆炸。要把干冰放在空气流通好的地方，让干冰挥发产生的气体释放出去，这样才安全。

 人工增雨

人工增雨也称人工降水，是根据不同云层的物理特性，选择合适时机，用飞机、火箭弹向云中播散干冰、碘化银、盐粉等催化剂，促使云层降水或增加降水量。

人工增雨常分为暖云催化剂增雨与冷云催化剂增雨。对于冷云和暖云，人工增雨的原理和方法是完全不同的。

暖云（温度高于0℃的云）降水，需要使云中半径大于0.04毫米的大水滴迅速与云中小水滴碰撞并增长，成为半径超过1毫米的雨滴形成降水。因此暖云人工增雨的关键就是

人工增雨火箭弹

在云顶部播撒大水滴（作为种子），或者在云中播撒吸湿性物质的微粒作为凝结核，从而在短时间内形成比较大的水滴。这种大水滴在下降过程中会吞并较小的小水滴（因而降落速度较慢）而迅速长大。当水滴直径长大到3毫米以上时，还会在升降过程中发生破碎。这些碎水滴又会成为新的种子，产生连锁反应，最后发展成为大批大雨滴而降落到地面。这叫作暖云降水的"碰并增长理论"。通过实验，在云顶部播撒大水滴（直径为30~40微米），虽然成本低廉，但效果并不太好。暖云人工增雨的吸湿性物质目前主要有盐粉（氯化钠）、氯化钙、尿素、硝酸铵等。其中尿素和硝酸铵有很强的吸湿性能，而腐蚀作用很小，本身又是农作物生长的肥料，因此是有效而实用的暖云人

工增雨催化剂。

拓展阅读

碘化银水溶胶

碘化银水溶胶，用碘化钠和硝酸银配制而成，通过喷撒形成微滴。不同方法产生的碘化银微粒成冰率有很大差异，碘化银发生炉和烟火剂的成冰率较高，而烟火剂和炮弹法则在单位时间内输出率较高。撒播手段一般用飞机或高炮，但碘化银发生炉和烟火筒也可在地面使用，并靠气流和扩散进入云中。根据作业对象和要求可选用不同的催化手段和发生方法，以保证在云中要求的部位产生一定数量的人工冰晶。

碘化银催化，广泛应用于人工降水、人工防雹、人工削弱台风、人工抑制闪电以及人工消云和人工消雾等试验研究中。

要使冷云发生降水，其关键是要使云内有足够数量的冰晶。因为冰面上的饱和水汽压比水面要低，因此当云冰晶和水滴（0℃以下但未结冰的过冷却水滴）同时存在时，水滴中的水会自动蒸发，并凝华到冰晶上，使冰晶不断长大成为雪花，最后降到地面上。如果云的下部和地面气温在0℃以上，雪花融化成为水滴，就是降雨了。冷云降水的这种原理，便是著名的"冰水转化理论"。但是在自然条件下，云中即使温度低至 $-30 \sim -20℃$，过冷却水滴还常常不结冰。为了使这种云降雨雪，必须在云中人工制造大量冰晶。目前常用的办法是在云中播撒干冰（固体二氧化碳）和碘化银。干冰的温度是 $-78.2℃$，可迅速使云中温度降到 $-40 \sim -30℃$。大量过冷却水滴冻成冰晶以后，冰水转化过程就开始了。碘化银是淡黄色无味的固体粉末状物质。它是一种很好的冻结核和凝华核，温度达到 -40℃ 以下时，水滴和水汽就能以它为核心冻结或凝华成为冰晶，然后下降为雨。

人工增雨采用云中与地面两种作业方法：云中作业方法一般采用飞机播撒催化剂；地面作业方法通常由地面发射火箭、高射炮弹和施放气球，或利用高山地区的有利地形及上升气流的作用将催化剂送入云中。

为了弄清人工催化剂的效果，以及人工增雨量的多少，常常要进行检验。由于云和降水过程十分复杂，使人工降水和降水检验的方法措施还都很不完善，有待进一步深入研究。

人工增雪与人工增雨的原理相同。2008 年 4 月在大兴安岭林区发生森林火灾。发现火情后，大兴安岭境内的气象部门紧急部署扑火气象服务工作，并组成火场前线气象服务小分队，在火区及其周边地区开展人工增雪作业。气象工作人员在火场上方附近的温库图实施了有效的火箭增雪作业，通过地面火箭在云层中播撒大量的增雪催化剂，作业后火场地区的降雪明显加大，降雪量达到 4 ~ 5 毫米，雪深 8 厘米。气象部门利用科技手段，促成降雪，成功地帮助地面扑火人员迅速扑灭了森林大火。

拓展阅读

大兴安岭的林业资源

大兴安岭是中国东北部的著名山脉，也是中国最重要的林业基地之一。它北起黑龙江畔，南至西林木河上游谷地，全长 1200 多千米，宽 200 ~ 300 千米，海拔 1100 ~ 1400 米，是全国面积最大的林区，木材贮量占全国的一半。

➡ 人工消云

用人工方法使局部区域云层消散的措施，称为人工消云。大型运动会或某些航空活动等，有时希望晴朗无云，便可进行人工消云试验。我国曾多次成功地实施了人工消云作业。

人工消云分为人工消冷云和人工消暖云。

（1）人工消冷云的方法是：播撒碘化银等人工冰核或播撒干冰等催化剂，产生大量冰晶，再通过冰水转化过程，原云中的过冷却水滴（云滴）蒸发消失，水分转移到冰晶上经凝华冻结，冰晶长大成降水粒子，下降离开云体，使云消散。

（2）人工消暖云的方法是：向云中播散盐粉、尿素等吸湿性粒子，这些吸湿性凝核吸收水汽凝结长大，然后与原来云滴碰并长大，降出云外，使云消散。

➡ 人工消雾

冬秋季节是雾出现频率最高的时间。大雾导致公路交通受害最为明显，对高速公路而言，雾无疑是"隐形杀手"。浓重大雾像帷幕一样挡住了视野，如果再加上雨雪的困扰，很容易造成道路积冰路滑，刹车困难，从而导致车辆追尾、相撞等重大交通事故。据统计，因雾等恶劣天气造成的交通事故，大约占总事故的1/4以上。

大雾还容易给水上交通和航空运输造成严重影响。2009年冬，受长江中下游地区长时间的雨雪天气影响，大雾弥漫，长江江面也是一片混沌。长江南京段、镇江段下游水域能见度仅有100~200米，上千艘船舶被困在辖区水域，抛锚待航。长江下游海事部门紧急采取临时水上交通管制，及时发布航行警告，要求在航船舶就近选择安全水域抛锚待航，并定时发送雾钟、雾号。同时，各海事局出动海巡艇在江面巡航，防止部分船舶冒雾航行。受大雾影响，空中航路同样受阻，多架航班延误或被取消。国内外有一些机场和飞机，虽然装备了先进导航系统和着陆设施，一般情况下可以盲降，号称"全天候"飞行。但是当机场被浓雾覆盖时，为了旅客的绝对安全，在没有消雾前，都不允许起飞和降落。

雾虽然对高速公路、航海、航空是一个重大视程障碍，但是随着科技的发展，人工影响雾已变成现实，并已在航行保障的业务中应用。

雾随着季节的变化，它的温度也有很大差异。雾中温度在0℃以上，由小水滴组成的叫暖雾。雾中温度在0℃以下，由过冷水滴和冰晶组成的叫冷雾。人工消雾主要是用人工播撒催化剂、人工扰动空气混合或在雾区加热等方法，使雾消散，主要分为人工消暖雾和人工消冷雾。

人工消冷雾的方法是用飞机或地面设备，将干冰、液化丙烷等催化剂播撒到雾中，产生大量冰晶，它们通过冰水转化过程，夺取原雾滴的水分，雾滴蒸发而冰晶不断长大降落地面，雾便消失。这种方法效果显著，已能实际应用。

目前有3种消暖雾试验方法：①加热法：对小范围区域雾区如机场跑道等，大量燃烧汽油等燃料、加热空气使雾滴蒸发而消失。②吸湿法：播撒盐、尿素等吸湿质粒作催化剂，产生大量凝结核，水汽在凝结核上凝结长成大水滴，雾滴蒸发并在大水滴上凝结，使雾消失。③人工扰动混合法：用直升机在雾区顶部搅拌空气，把雾顶以上干燥空气驱下来与雾中空气混合，雾便消失。

人造雾

人造雾是利用专用造雾主机将经过精密过滤处理的水，输送到造雾专用高压管网，最后到达造雾专用喷头喷出成雾。

人造雾以美化环境、改善空气质量、营造合适的生态和工作环境要素为目的，在园林景点、舞台布景、休闲场所、温室、车间、矿场等领域应用普遍，深受人们青睐。

人工防雹

预报冰雹，大都是利用地面的气象资料和探空资料，参照当天的天气形势，寻找可靠的预报指标。我国劳动人民在长期与大自然地斗争中根据对云中声、光、电现象的仔细观察，在认识冰雹的活动规律方面积累了丰富的经验。另外，在冰雹云来临时，天空常常显出红黄颜色。冰雹云底部是黑色或灰色，云体带杏黄色。有些地方有"地潮天黄，禾苗提防"（防冰雹）的说法。当出现黄色雹云，如果在云底同时伴有白色光带现象（即落地竖闪）时最易降雹。随着科学

你知道吗

冰雹的危害

中国是冰雹灾害频繁发生的国家。冰雹每年都给农业、建筑、通讯、电力、交通以及人民生命财产带来巨大损失。据有关资料统计，我国每年因冰雹造成的经济损失达几亿元甚至几十亿元。

技术的发展，运用闪电计数器、雷达可以定量地判别雹云的位置和估计降雹的强度。

人工防雹

人工消雹和防雹，目前基本上是播撒催化剂和爆炸影响两种方法。

播撒催化剂，实际上就是向雹云中大量播入人工雹的胚胎，与原有的胚胎竞相"争食"云中的有限水汽，致使每个冰雹都长不大，结果它们降落时，要么化成雨滴，要么成为危害较小的小冰雹。

爆炸法实际上是改变雹云内的垂直气流，通过爆炸造成的强大冲击波，使雹云中的冰雹相互碰撞，大块的撞碎成小块，从而达到减轻冰雹危害的目的。

人工防雹效果和人工降水效果的检验方法相似，只因降雹的时间和空间的变率更大，所以检验时困难更多，可靠性也更低。

➤ 人工防霜冻

霜冻是气象灾害之一，一般多出现在秋末和春初季节。从全国观测资料分析来看，各地都有可能出现霜冻。但各地的霜冻日数有较大差异。东北地区出现霜冻日数较多，年平均有 140 天以上，而南方的广州、南宁、福州等地区出现较少，年平均只有几天，有的地方甚至一年不出现霜冻。

秋末及春初期间，夜间晴空无云、静风时，由于辐射冷却，气温下降到 0℃以下的时候将出现霜冻。霜冻对农作物的危害很大，那么出现霜冻的时候，农作物本身有什么变化呢？

每当出现霜冻的时候，植物体表面温度都在零度以下，植物体内的每一个细胞之间的水分就被冻结成微小冰晶体。这些冰晶在植物内部又要凝华细胞的水分，冰晶又逐渐长大。由于冰晶体的相互作用，细胞内部的水分向外渗透，使植物的原生质胶体物质凝固。这样的霜冻过程在几小时内形成，最终造成了农作物因细胞脱水而枯萎死亡。

防御霜冻造成农业灾害有各种各样的方法。如：选择适宜种植地区、营造防护林、选用作物品种等。人工防霜冻是人们主动采取措施，改变易于形成霜冻的温度条件，保护农作物不受其害。

（1）"硝蒽"烟雾剂防霜冻。方法是在作业区内设置"硝蒽"防霜剂发烟点。目的是保护玉米、水稻、高粱、大豆、白菜不受霜冻之害。这种方法阻止了地面向天空长波辐射降温的作用，所以农作物周围环境温度相对较高，不会出现霜冻，农作物能够正常生长。

（2）杀灭冰核细菌防霜冻。大量实验证明，在植物体表面附生众多冰核细菌的时候，植物细胞内水分出现结冰时的温度为 $-2 \sim -1℃$，均高于植物体没有附生冰核细菌的农作物，这就是冰核细菌的活化作用。既然冰核细菌能够使植物细胞在 $-2 \sim -1℃$ 结冰，人工可以用药剂消除植物体表面的众多冰核细菌，使植物体能在较低的温度时结冰，就变成了耐霜的植物。

知识小链接

冰核细菌

冰核细菌是一类在较低温度下具有很强冰核活性的细菌，目前在植物冻害防治、促冻杀虫、人工降雪、食品冷冻浓缩等领域已成为研究热点。

（3）防霜冻用土覆盖法效果很好。例如棉花刚出土时，可用犁翻起土盖在幼苗上，能够使苗周围温度升高不受霜害，霜冻后再扒开覆土。这种覆盖可以维持 2~3 天或更多几天，等到天气回暖后再清除覆土，幼苗能很快恢复生长。另外为了西瓜苗不受霜冻，可以用牛皮纸做防霜帽，盖在瓜苗上，周围用土压好。

（4）喷水防霜冻的原理是从水压机的喷头喷出温度高于 $0℃$ 的水，落在植物体上很快会结冰。当水结冰时释放出大量热量，就会使植物体温不会下降。不断喷水，不断结冰，使植物体温保持 $0℃$。用喷水防霜冻的时候，必须在湿球温度 $0℃$ 时开始喷水才能有效。当日出后温度升高、冰融化，植物便恢复原来状态。

（5）扰动法。在夜间局部地区出现辐射冷却，地面温度低，而距地面 10~20 米高度气温高时的气象条件叫逆温，这时也常常出现霜冻。人们常用大的风扇使上暖下冷的空气混合，提高地面温度进行防霜冻。澳大利亚人曾将直径 6.4 米大风扇，安装在 10 米高的铁架上，霜冻之夜，开动风扇扰动使空气混合，在 15 米半径内升温 $3 \sim 4℃$，防霜冻效果很好。美国用直升机在低空飞行，飞过后使空气扰动升温 $2 \sim 5℃$，升温持续 20~30 分钟，连续飞行能在较大范围内防御霜冻。

（6）加热法。应用煤、木炭、柴草、重油等燃烧使空气和植物体的温度升高以防霜冻，是一种广泛使用的方法。江苏有些果园为了防御霜冻，在霜冻出现之前挖"地灶"，将干草、树枝等放在"地灶"内燃烧，释放出热量，使周围温度升高，植物体不会出现霜冻，效果很好，但这种方法会造成污染。

气象的秘密

气象指数

气象指数是指气象部门根据气象预测而发布的为居民生活出行提供的参考数据。包括温度、湿度、风向、风力、太阳照射强度等相关数据。

如今，越来越多的人开始关注气象指数。人们都想借助便利的气象指数合理安排出行活动，合理穿衣，并减少不利天气带来的出行麻烦。

晨练指数

晨练是长久以来人们用来锻炼身体的形式之一，特别是中老年人。但如何选择锻炼时机，人们可能考虑欠周。特别是对什么样的天气适宜锻炼，什么天气不能晨练，了解甚少。

气象部门根据气象因素对晨练人身体健康的影响，综合了温度、风速、天气现象、前一天的降水情况等气象条件，并将一年分为2个时段（冬半年和夏半年），制定了晨练环境气象要素标准，并将晨练指数分为5级：

1级：非常适宜晨练，各种气象条件都很好；

2级：适宜晨练，一种气象条件不太好；

3级：较适宜晨练，二种气象条件不太好；

4级：不太适宜晨练，三种气象条件不太好；

5级：不适宜晨练，所有气象条件均不利。

若是阴天时，人们应避免在树林中晨练，以防二氧化碳中毒。在夏季，

你知道吗

二氧化碳

二氧化碳是无色、无味的气体，比空气略重，在空气中含量仅为 0.03%。生物呼吸、细菌发酵、有机物质燃烧均可产生二氧化碳。二氧化碳与一氧化碳不同，其本身是无毒的。常见二氧化碳中毒的原因有：1. 无防护进入长期不通风的矿井、密闭的仓库、轮船船底、菜窖、阴沟、下水道等。2. 在密闭的、狭小的厨房、浴室使用煤气热水器。3. 在通风不良的地方使用干冰或二氧化碳灭火器灭火。

有降雨时，路滑，易摔倒。在冬季，空气干燥，风多，雨少；降雪后，由于人的皮肤大多比较干涩，韧性降低，稍不注意便极易擦破，所以凡是第二天早晨有降水，都不宜晨练。

雾天不宜室外锻炼，尤其是浓雾天。浓雾是由高密度的细小水滴悬浮在空气中形成的，细小水滴中溶解了大气中的一些酸、碱、盐、胺、苯、酚以及尘埃、病源微生物等有害物质。晨练过程中，极易造成机体需氧量的增大与有害物质对呼吸系统的致害而导致的供氧不足之间的矛盾，产生呼吸困难、胸闷、心悸等不良症状，危害人体健康。

目前空气污染已成为人们日趋关注的焦点。晨练时亦不宜在空气污染严重的地方锻炼。造成空气污染的原因很多，包括汽车尾气、粉尘、工业区排放的有害物质、冬季小煤炉释放的二氧化硫等。人们在如此环境中跑步、散步、做操、练气功等久之必病。

晨练的人特别是中老年人，应根据晨练指数，有选择地进行晨练，这样才能保证身体不受外界不良气象条件的影响，真正达到锻炼身体的目的。

趣味点击　气功

气功是中国特有的一种健身术。基本分两大类：一类以静为主，静立、静坐或静卧，使精神集中，并且用特殊的方式进行呼吸，促进循环、消化等系统的功能；另一类以动为主，一般用柔和的运动操、按摩等方法，坚持锻炼以增强体质。

气功大致是以调心、调息、调身为手段，以防病治病、健身延年、开发潜能为目的的一种身心锻炼方法。调心是调控心理活动，调息是调控呼吸运动，调身是调控身体的姿势和动作。

夏季游泳指数

游泳是夏季最好的健身项目之一，它既能防暑降温，又能增强体质，磨炼意志。每到盛夏季节，人们纷纷涌向湖泊、河流和露天游泳场。那么，什么样的天气，多高的水温最适宜游泳活动呢？

根据夏季水温的变化，当水温在 24～25℃ 时，人体入水后感到温和，并比较舒适，这时游程和游速可以慢慢放开；当水温在25～26℃ 时，游泳者入水后感到爽快，可以较长时间畅游；当水温大于 26℃ 时，在水中游泳非常舒适，因为此时的气温往往都在 34℃ 以上了。除了与水温关系密切外，天气的好坏、游泳的强度也直接影响着露天游泳活动。游泳气象指数是综合分析天气、水温和游泳强度的关系而专为游泳爱好者制作的气象服务产品。

拓展阅读

冬 泳

冬泳是指冬季在室外水域自然水温下的游泳，即以气温 10℃ 以下为冬季的标准定义冬泳。以水温为标志，水温以 17℃ 作为冬泳的起点；水温以 8℃ 作为冬泳的冷度标志。17℃ 以下的水温给人以冷感，低于 8℃ 以下则有冷、麻、强冷刺激的感觉。

游泳气象指数分为 5 级，各级的含义分别是：

1 级：非常适宜，大多数人都可以去游泳，游泳者可以根据体力畅游。

2 级：适宜，多数人都可以去游泳，会游泳的人可以适当增加游程。

3 级：较适宜，比较适宜身体较好的人去游泳。

4 级：不太适宜，多数人都不宜去游泳。

5 级：不适宜，所有的人都不适宜去游泳。

湿　度

　　湿度是表示大气干燥程度的物理量。在一定的温度下，一定体积的空气里含有的水汽越少，则空气越干燥；水汽越多，则空气越潮湿。空气的干湿程度叫作湿度。在此意义下，常用绝对湿度、相对湿度、比较湿度、混合比、饱和差以及露点等物理量来表示；若表示在湿蒸汽中液态水分的重量占蒸汽总重量的百分比，则称之为蒸汽的湿度。

◪ 划船指数

　　由于划船是在露天的水面上活动，天气条件的影响对游客的安全至关重要。盛夏季节突发的雷雨大风会使人猝不及防，甚至造成翻船事故，弥漫的大雾同样会使船只碰撞，发生危险。划船气象指数是综合分析了影响划船的风、雨、温、湿以及能见度等气象要素而研制的。它可以为各公园船队和游人提供是否适合划船的专业气象预报服务，以充分利用有利的天气条件进行划船活动，而避免不利天气条件造成的危害。游船活动的水面越大，对气象服务的要求就越高，划船气象指数可以保证较大水面的需要，当然更可以适用于其他较小水面的要求。

　　风力、降雨、气温、湿度、能见度等气象条件都对划船有不同程度的影响，其中常见的不利气象条件是 5 级以上的大风和中雨以上的降水，危害最严重的是突发性的雷雨大风天气。

划船气象指数分为 5 级，各级的含义分别是：

1 级：非常适宜划船；

2 级：适宜划船；

3 级：比较适宜划船；

4 级：不太适宜划船；

5 级：不适宜划船。

舒适度指数

所谓"舒适度"，就是在不特意采取任何防寒保暖或防暑降温措施的前提下，人们在自然环境中是否感觉舒适及达到怎样一种程度的具体描述。例如：在气温为 32℃ 以上，湿度超过 80%，风力小于 2 级的环境中，人们会普遍感到闷热难忍，甚至出现中暑现象。我们称这时的舒适度为"闷热"或"极热"。又如：当气温降到 –8℃ 以下，湿度低于 30%，风力大于 4 级以上时，人们则又会感到难以抵御的严寒，甚至出现冻伤皮肤的现象。我们称这时的舒适度，为"寒冷"或"极冷"。

体感温度

体感温度是指人体感觉到的环境温度高低。主要考虑风、湿度、日照、衣服颜色等对百叶箱所测气温的修正，如果体感温度高于气温，表明上述各项因子共同对人体起到加温的作用，反之为降温的作用。

为了人们在生活或外出活动时能提前有所准备，做到心中有数、防患未然，气象工作者研制了舒适度气象指数，它分为 7 个等级，分别表示人体对外界自然环境所产生的各种生理感受。舒适度的各级含义分别是：

　　1级：极冷；

　　2级：寒冷；

　　3级：偏凉；

　　4级：舒适；

　　5级：偏热；

　　6级：闷热或炎热；

　　7级：极热。

▷ 紫外线指数

　　紫外线是电磁波谱中波长从 0.01～0.38 微米的辐射总称。阳光中含有大量的紫外线，地球大气对紫外线中的掘渡部分吸收能力很强，以致到达地面的紫外线均是长波部分，仅占太阳光谱的 1%～2%。它对人类和生物都有很大影响。

　　紫外线指数是指当太阳在天空中的位置最高时（一般是在中午前后，即从上午 10 时～下午 3 时的时间段里），到达地球表面的太阳光线中的紫外线辐射对人体皮肤的可能损伤程度。

你知道吗

紫外线的发现

　　紫外线的发现、观察与银盐在阳光下变暗有关。1801 年，德国物理学家约翰·威廉·里特在制作标志观察可见光谱的紫色线末端之外看不见的光线，对照亮浸泡氯化银的纸张特别有效。他称之为"氧化光"以强调是化学反应，并将它们与可见光谱另一端的"热射线"区别开来。不久之后，这个名词简化为"化学光"，并且在整个 19 世纪成为广为人知的名词。"化学光"和"热射线"这两个名词，最后分别改成紫外线和红外线。

紫外线指数变化范围用 0~15 的数字来表示，通常，夜间的紫外线指数为0，热带、高原地区、晴天时的紫外线指数为 15。当紫外线指数愈高时，表示紫外线辐射对人体皮肤的红斑损伤程度愈加剧，同样地，紫外线指数愈高，在愈短的时间里对皮肤的伤害也愈大。

人类过多或过少接受紫外线的照射，都会造成危害。人们长期得不到阳光照射，容易患佝偻病，而过度照射又容易损害皮肤及眼睛。目前这一问题越来越引起人们的重视。

紫外线的照射强度除与季节、时间和臭氧量等有关外，还与当时的天气状况密切相关，云量多少、气溶胶浓度及污染状况对紫外线的吸收和散射起主要作用。为了帮助人们能适量的接受紫外线的照射，气象工作者利用这些关系设定了紫外线辐射强度指数，并将其分为很强、强、中等、弱、最弱，共 5 级。

紫外线指数分级表				
紫外线指数	等级	紫外线照射强度	对人体可能影响	建议采取的防护措施
0~2	1	最弱	安全	可以不采取措施
3~4	2	弱	正常	外出戴防护帽或太阳镜
5~6	3	中等	注意	除戴防护帽和太阳镜外，涂擦防晒霜（防晒霜 SPF 指数应不低于 15）
7~9	4	强	较强	在上午 10 点~下午 4 点时段避免外出活动，外出时应尽可能在遮阴处
>10	5	很强	有害	尽量不外出，必须外出时，要采取一定的防护措施

紫外线指数预报是一种在日常生活中十分有用的预报，按照预报发布的紫外线指数，可以主动地采取一些措施，对紫外线加以预防。当然，紫外线也并不是一个十分恐惧的东西，也不要片面地被紫外线预报所左右。

根据发布的紫外线指数，既要采取有效的方法，预防过多地照射紫外线，也要在合适的时间段里有效地利用好紫外线。在一天中，紫外线照射强度并不是不变的，一天中最需要注意的时间是上午 10 时～下午 3 时。当然，根据天气变化，紫外线照射量也是在变化的，所以应该注意每天的天气变化，并根据天气的变化，适时调整出行计划。

▶ 空气清洁度

空气清洁度气象条件预报又称空气污染潜势预报，是指气象条件对空气中污染物扩散的影响，即气象条件对空气质量变化的影响。人们都知道，空气中污染物在大气中的传播、扩散是受到气象条件制约的。例如在冬季稳定的高气压控制下，一般天气晴好，风力较小，早晚在近地面易形成逆温，这时空气中的污染物就滞留在近地面层，容易形成污染。而在冷高压前部，往往风力较大，污染物易于扩散，故不会造成空气污染。

因此，充分利用气象条件是防治污染有效而又现实的一种途径。当预报未来将出现易于形成污染的气象条件时，有关部门就有可能及时采取措施，控制或减少污染物的排放量，降低或避免污染物对周围环境的影响；同时也可以利用有利的气象条件进行自然净化。人们可以根据空气污染气象条件预报采取相应的措施。当出现容易造成污染的气象条件时，在污染比较严重的地区应减少在室外的时间，少开门窗，尽量减少空气污染带来的伤害。

根据不同气象条件对空气质量变化的影响，将空气清洁度气象条件预

报共分5个等级:

1级:非常有利于空气中污染物的扩散和清除;

2级:有利于空气中污染物的扩散和清除;

3级:对空气中污染物的扩散和清除作用不明显;

4级:不利于空气中污染物的扩散和清除;

5级:非常不利于空气中污染物的扩散和清除。

知识小链接

空气污染的防治

防治空气污染是一个庞大的系统工程,需要个人、集体、国家,乃至全球各国的共同努力。可以考虑采取减少污染物排放量,控制排放和充分利用大气自净能力,合理规划工业区与非工业区,绿化造林等措施。

◆ 中暑指数

中暑,俗称发痧。它是夏季长时间在日光下曝晒,或在其他高温环境下工作,所发生的头昏、眼花、心慌等症状,严重的还可能引起体温升高、昏倒或痉挛。

中暑是典型的气象病,每当夏季酷暑来临时,世界上许多地区都会因受到高温异常气候的影响,而发生中暑。进入20世纪90年代,气候受"温室效应"及"热岛效应"的影响更明显,气温呈逐渐上升趋势,在全球气候增暖的过程中,热浪也将增加。虽然,随着人类物质水平的提高及生活条件的改善,普遍采用空调降温及其他有效的防暑降温措施,生产、职业性中暑已罕见，但是，人们的热耐受能力普遍下降，对高温气候的恐惧感在加深，一旦出现灾害性高温天气的热浪袭击，在那些中暑高危人群中不可避免地发生成批的中暑病人，其死亡率也相当高。美国、墨西哥、印度、巴基斯坦、科威特、澳大利亚、日本及我国等许多国家和地区，每年都会不同程度地出现高温异常气候，经常出现大量的中暑病人。

鉴于中暑的严重危害及其与气象的密切关系，中暑气象、医务工作者深入研究中暑的气象规律，将天气与中暑发生的内在联系表达成能提供给公众服务的、易于理解的中暑气象条件指数。

研究表明，中暑不仅与当日的气象因子有关，而且与前期35℃以上的高温积累也密切相关。日平均温度、日平均相对湿度、最高温度是重症中暑病人发病的决定因素。35℃以上的高温是引发中暑的"罪魁祸首"，但并不是一出现这样的高温，就会马上发生中暑，而只是在35℃以上的高温持续几天，人体无法承受酷热时才会出现中暑。所以，一旦出现35℃以上的高温，就要注意防暑，若35℃以上的高温持续4~5天，就应高度警惕，并采取一切可采取的防暑降温措施。因此，根据前期气象条件和次日的天气预报就可以预测出第二天的中暑率，也就是中暑气象指数。

目前中暑指数共分为6级。

中暑指数0级：

（1）白天温度不高，不易引起中暑，中暑指数为0级；

（2）白天空气湿度小，人体调节功能未被破坏，不易引起中暑，中暑指数为0级；

（3）白天温度虽高，但风较大，人体调节能力未被破坏，不易引起中暑，中暑指数为0级；

（4）白天温度适宜，但风太大，不易引起中暑，中暑指数为0级。

中暑指数1级：

辐射热强，在户外暴晒过长会引起头昏、头痛、口渴、多汗、全身疲乏、心悸、注意力不集中、动作不协调等，体温正常或略有升高，尤其是老人。此时，应保持居室的良好通风及适宜的温度，慢性病人应按时服药。

拓展阅读

中暑可引起热痉挛

在高温环境下进行剧烈运动大量出汗，活动停止后常发生肌肉痉挛，主要累及骨骼肌，持续约数分钟后缓解，无明显体温升高。肌肉痉挛可能与体内钠缺失和过度通气有关。

中暑指数 2 级：

由于高温高湿，人体感觉闷热，在无防暑设备的室内外工作时间太长，会引起轻症中暑，除头痛、口渴、注意力不集中外，有的人还会出现面色潮红、大量出汗、脉搏快速等症状，体温可升至 38.5℃。此时应多喝水，多吃新鲜的蔬菜水果，室外工作人员可适当调整作业时间，备好遮阳设施，及时补充盐分。

中暑指数 3 级：

在无防暑设备的室内几乎无法工作，室外极易引起重症中暑，公共汽车内中暑时，会出现热痉挛、热衰竭。因此，建议人们尽量避免外出，室外作业人员可适当调整作业时间，

广角镜

先兆中暑症状

高温环境下，出现头痛、头晕、口渴、多汗、四肢无力发酸、注意力不集中、动作不协调等症状。体温正常或略有升高。

这时应及时转移到阴凉通风处，补充水和盐分，短时间内即可恢复。

备好遮阳设施，及时补充盐分。旅游者要避开中暑高发时段，重新调整外出计划。

中暑指数 4 级：

天气炎热，容易引起中暑，请注重补充水分。

中暑指数 5 级：

天气酷热，极易发生中暑或危急中暑，需要做好防暑降温工作。

气象与生活

　　我们生活在大气的怀抱之中，生活中处处离不开气象知识。

　　气象对人类生活的影响是巨大的。在现代，人们逐渐利用气象来享受健康的生活。希望人们在将来能发明更多的享受天气的方法，使人类可以尽情地享受大自然赐予的最淳朴、最有意义的东西。

一天中何时空气最新鲜

　　人们往往认为早晨的空气最新鲜，这其实是误解。空气新鲜与否，取决于空气污染的轻重。空气污染的来源主要有烟尘、各种机动车辆排放的废气、居民炉灶的烟气和绿色植物夜间排出的二氧化碳气体等。据科学家检测，在一天中，上午、中午和下午空气污染很轻，所以空气比较新鲜清洁，其中上午10点左右和下午3～4点空气最为新鲜；早晨、傍晚和晚上空气污染较严重，其中晚上7点和早晨7点左右为污染高峰时间，当然此时的空气是最不新鲜的。

拓展阅读

大气污染对工农业生产的危害

　　大气污染对工农业生产的危害十分严重，这些危害影响经济发展，并造成大量人力、物力和财力的损失。大气污染对工业生产的危害，从经济角度来看就是增加了生产的费用，提高了成本，缩短了产品的使用寿命。

　　大气污染对农业生产造成很大危害。酸雨可以直接影响植物的正常生长，又可以通过渗入土壤及进入水体，引起土壤和水体酸化、有毒成分溶出，从而对动植物和水生生物产生毒害。

一天中空气新鲜程度的不同，是受气象因素的影响。昼夜间的垂直温差变化明显，当地面温度高于高空温度时，地面的空气容易上升，污染物容易被带到高空扩散；当地面温度低于高空温度时，天空中就形成"逆温层"，这个"逆温层"就像一个大盖子一样压在地面上空，使地面空气不能上升，空气中的各种污染物就不能扩散。一般在夜间、早晨和傍晚易出现逆温层，所以，在这些时间里空气最污浊。

到了白天，当太阳出来后，地面温度迅速上升，逆温层便逐渐消散。于是污染物也就很快扩散了。一般到上午 10 点以后，地面空气就很新鲜了。因此，早晨锻炼身体的时间应选择在日出以后，最好选择上午 10 点和下午 3～4 点，因为，这时的空气最新鲜。

▶ 睡眠中的气象学

人的一生约有 1/3 以上的时间是在睡眠中度过的。睡眠的质量和时间除与住宅环境有关外，还与寝室和被窝的"气候"相关。所以，要科学睡眠，须掌握睡眠中的气象学。

现代医疗气象研究表明，寝室的温度、湿度、光照等都会对睡眠产生影响。一般人睡觉时室内温度在 20～23℃ 最为适宜，在 20℃ 以下人就会因冷而卷曲身躯并裹紧被子，但超过 23℃ 就会蹬被子。夏天的睡眠环境，在室温 25～28℃、湿度 50%～70% 的范围内最适宜。

寝室光线的强弱对睡眠也有影响。照度在 50 勒克斯以上时人不易入睡，当然过暗也不好。最适宜的睡眠亮度，是能看清周围物体的轮廓。

被窝虽小，却有自己的温度、湿度和气流。不同的"被窝小气候"影响着人们睡眠的持续时间和睡眠深度。

睡眠问题的定位

　　伴随我国经济社会的快速发展，各种竞争加剧使得生活节奏加快，同时由于生活方式发生明显变化，睡眠日益成为现代人的"生活奢侈品"。2003 年中国睡眠研究会的统计资料显示，我国各类睡眠问题的患病比例已经高达 38.2%，2006 年对全国六个城市的调查显示，过去一年间都市人的睡眠问题已达 60%，因此被称为是"悄然扩展的流行病"。从社会学或是自然科学角度分别探讨如何解决睡眠问题，已成为当前时势之需，具有积极的现实意义。

　　能否迅速入睡与被窝温度关系密切。据研究，被窝温度在 32～34℃ 时易入睡。被窝温度低，需要长时间用体温焐热，不仅耗费人的热能，而且人的体表要经受一段时间的寒冷刺激而使大脑皮层兴奋，从而推迟入睡时间，或是造成睡眠不深。欲想在冬季早睡和睡得深，可使用电褥子或暖水袋先调节好被窝内的温度。被窝内相对湿度最好保持在 50%～60%。由于人体睡眠时要排出汗液，因此，被褥要经常晾晒，以保持干燥。再就是气流。被窝内的气流应有一定的速度，这就要求被子不要四处透风，也不要捂得太严，更不可蒙头睡眠。被子以轻、暖、软为宜。

▶ 春季要会"捂"

　　"春捂秋冻"是我国民间的一条保健谚语。从气候学的观点来分析是有一定科学道理的。春与秋虽都是过渡季节，但仍有差异。最高气温的平均值春季高于秋季；平均最低气温秋季则高于春季。

　　这说明，虽然春季白天的温度高了一些，但是早、晚温度还是比较低的。另外，春季是回暖期，室内温度的回暖速度不及室外，所以在春季虽然在室外很热，进入室内，就比较凉爽了。秋季则正好相反，是一个降温的季节，室外温度虽然下降了，室内温度还比较暖和。因此，如果春季不"捂"，遇热就脱棉衣，就有可能不完全适应早、晚与室内的温度。因此不能过早地脱棉衣，宜多"捂"些时候，这对春季养生保健有利。秋季"不冷"，冷就加衣服，也同样不适应室内的温度，又因秋季刚开始转冷，寒冷的日子还在后面呢，所以，适当地少穿点衣服，提高抗寒能力和抵抗力，对过好冬季很有帮助。

　　春天，北方冷空气还会不断入侵我国，其频率和强度都超过秋季。为适应频繁的冷暖变化与较强的风力，春季的衣着应比秋季更保暖。

拓展阅读

春季的天文情况

　　地球赤道与其公转轨道交角是四季更迭的根本原因。春季太阳直射点从南回归线逐渐北移，春分之后越过赤道，太阳直射北半球。在春季，地球与太阳的距离由近渐远。每年的1月3日左右地球距离太阳最近。从黄道平面看来，太阳位于宝瓶座、双鱼座、白羊座的背景上。

如何应对春困

冬天，由于外界气温很低，人体为了抵御严寒，皮肤长时间处于"收敛含蓄"状态，血管收缩，减少了体热的散发，以维持体温。因体表血管的收缩，内脏器官的血流量增加，供给大脑的血液也相对增加，使大脑细胞供氧量充足，所以人们往往在冬天感到精神焕发，头脑清醒。但到了春天，气温逐渐回升，天气变暖，气压往往较低，人体生理机能也随之变化，皮肤血管和毛孔逐渐扩张，皮肤里的血液循环旺盛起来，而供给大脑的血液和氧气就相对减少，导致了脑神经细胞的兴奋程度降低，人的注意力就不易集中，因而显得反应迟钝，易感疲劳。再有，春天太阳直射点逐步北移，白昼变长，黑夜缩短，所以人们常有困乏之感。

春季要早睡早起

春季有了良好的休息睡眠，人体才能得到调整和补充，进一步促使机体承受紧张度能力的增加，减少白天的困倦。睡懒觉不能增加大脑的血液供应，反而会引起人的惰性，越睡越困，越睡越懒。还有应值得注意的一点是，春日里尽量不要熬夜，以免诱发和加重春困。

有人认为：春天到来，人们的活动时间明显增多，人体内的维生素 B_1 就显不足。维生素 B_1 担负着刺激神经活动的"重任"，其量不足，神经则怠惰。还有人认为：生物钟节律的变化，是春困的主要原因。欲战胜春困，并不一定要增加睡眠时间，而应该做到早睡早起，起居有序，特别应注意坚持体育锻炼，经常到室外参加各种活动，以提高人体适应外界气候变化的能力。

🔘 夏季天气与保健

说到夏天，人们首先想到的是炎热。夏季是一年当中气温最高的时期，这其中既有内陆地区的干燥酷热，又有沿海地区的潮湿闷热。但夏季的天气绝不是用一个"热"字可以概括了的。夏季是一年中天气变化最剧烈、最复杂的时期，我国大部分地区的降雨主要集中在这段时间里。另外，各种灾害性天气，例如雷电、冰雹、雷雨大风、洪涝、干旱、台风等也都多发生于此时。

造成夏季天气变化多端的一个重要原因就是水汽，充沛的水汽是各种天气变化的基本素材。说到水汽，我们要向大家介绍一个天气系统就是副热带高压。副热带高压是平均位于地球南北纬35°处，近似沿纬线圈排列的高压系统，副热带高压位置有明显

你知道吗

雨　带

雨带是与大面积降水区相联系的狭长的云和降水的集合结构。

的季节变化，在北半球，夏季偏北，冬季偏南。气流从高压中心按顺时针方向向外旋转流出，在高压西部形成偏南气流，偏南气流源源不断地把海洋上的暖湿空气输送到我国大陆，从而为降雨提供水汽。当暖湿气流一旦和北方下来的冷空气相遇就会形成大范围的降雨天气，由于这个高压的位置随季节变化，也使得我国夏半年的降雨带自南向北依次推进。入秋，副热带高压南撤，雨带也跟着南移。这就是我国南方雨季开始早、结束迟、持续时间长，而北方雨季开始晚、结束早、持续时间短的原因。

夏季天气炎热，在高温的环境中人体的很多功能都会发生变化，特别是

人体体温调节、水盐代谢、消化、循环、神经、内分泌系统，这些变化一旦不能很好地适应环境，人体就会有各种不舒适感，中暑就是夏季里最多见的一种情况。另外，夏季高温高湿又是细菌繁殖的活跃期，是各种传染病，特别是消化道传染疾病的多发期。为了能平安度过夏季，人们在日常生活中应该注意以下几方面：

（1）合理饮食。多吃清淡食品少吃油腻食品；多吃一些带有苦味的蔬菜，如苦瓜、丝瓜、芹菜等。苦味可以促进食欲，可以清心健脑，可以促进造血功能，还可以泄热排毒。

（2）动静适宜。活动锻炼应在一天中相对较凉爽的时段进行，如清晨和上午，切忌在烈日下锻炼。活动强度一定要适量，而且时间不宜过长。

（3）起居有序。由于暑热使人夜晚睡眠减少，中午要适当休息，以补充睡眠不足。另外在睡觉时一定要注意空调的温度不可调得太低，一般在26～28℃较适宜，还要注意经常开窗通风以使室内空气洁净。

（4）着衣科学。夏季着装要遵循"凉爽、简便、宽松"的原则。盛夏酷暑有些人喜欢打赤膊，以为这样可以凉快些，其实并不是这样。当气温接近或超过人的体温时，赤膊不仅不凉快，反而更热，因为只有当皮肤温度高于环境温度时，才能通过辐射、传导散热。

你知道吗

夏季宜吃消暑瓜类

夏日消暑最佳食材，当数瓜类最适宜。例如冬瓜、笋瓜等，配合中药材如白扁豆、扁豆花，不但能祛湿解暑，更能补脾开胃以消暑热。其中味甘性寒的冬瓜，有清热利水、消肿解毒、生津除烦之效。如在暑热或感冒期间进食冬瓜，可带来解热的作用。

➤ "秋冻" 要科学

进入秋天以后，许多人不重视保暖，盲目进行"秋冻"，一些免疫力较差的老年人和儿童就很容易在此时患上呼吸道疾病。"秋冻"看似简单，如何"冻"得合理、"冻"得适度、"冻"得健康，这其中大有学问。

俗语"冻九捂四"指的是在乍暖还寒的 4 月不要急于减少衣服，不妨捂一捂；相反到了 9 月不必急于增加衣服，不妨冻一冻。

"秋冻"可以保证机体从夏热顺利地过渡到秋凉，提高人体对气候变化的适应性和抗寒能力，这样的防寒锻炼能提高人体的抗御机能，从而激发机体逐渐适应寒冷的环境，对疾病尤其是呼吸道疾病起到积极的预防作用。

初秋，暑热未消，还不时地有"秋老虎"光临，虽然气温开始下降，却并不寒冷，这时是开始"秋冻"的最佳时期，最适合耐寒锻炼，增强机体适应寒冷气候的能力。只有在夏末秋初开始"秋冻"，才能自然过渡到对秋凉和冬寒的机体调节，增强人体的抗病能力，减少疾病的发生。

在日夜温差变化不是很大的初秋，无须急忙加衣，适当"冻一冻"无妨，并可适当延长"秋冻"的时间，但在夜间睡觉时要适当盖好被子，以免受凉。

在日夜温差变化较大的晚秋，切勿盲目"秋冻"，由于此时，强冷空气不断入侵，气温骤降，气温变化幅度大，不能一味强求"秋冻"，否则不但对健康无益反而会引发呼吸道疾病和心血管疾病等，此时要适当增减衣服，以防感冒。

"秋冻"并非人人适宜，青壮年包括体质较好的老年人和小孩最好不要早添厚衣，这样有利于人体对气候变化的适应；抵抗能力较弱的老年人和孩子自身调节能力差，遇冷抵抗能力下降、御寒能力减弱，身体很快会发生不良反应，诱发急性支气管炎、肺炎等疾病，应注意气温变化而适当增加衣服。有慢性疾病的病人不宜进行"秋冻"，尤其是患有慢性支气管炎、支气管哮喘、冠心病、高血压者，寒冷刺激会使支气管和血管痉挛收缩，导致旧病复发，出现哮喘、心绞痛、心肌梗赛和中风等。健康人群也一定要注意"冻"得适度。

"秋冻"不仅是停留在穿衣上，适当的活动锻炼对增强体质、提高人体的免疫力和抵抗力极有好处。不同年龄可选择不同的锻炼项目，不论何种活动，都要注意一个"冻"字，切勿搞得大汗淋漓，让寒气通过排汗而扩张的毛孔入侵到人体，当周身微热，出汗即可停止。如果要进行冷水浴锻炼，建议整个秋季都要进行，不要间断。

知识小链接

"秋冻"并非人人适宜

秋冻并非人人适宜，老年人、儿童、心脑血管病患者、慢性肾脏病人、胃溃疡、十二指肠溃疡患者不宜"冻"，健康人群也一定要注意"冻"得适度。

☀ 冬季多晒太阳

冬季，气温逐渐走低，寒冷的天气会抑制人体内的新陈代谢，内分泌会出现紊乱，因此容易导致情绪低落、疲劳、注意力分散、精力衰退等症状。遇着和煦的阳光，晒晒太阳后，会发现精神有很大改观，心情也会舒展很多。有更多的人说，阳光还有助于钙的吸收、杀毒等。那么冬季晒太阳对健康有利是否有依据呢？

其实冬季日光浴，可以对人体起到很好的保健作用。

（1）日光中的可见光线及红外线，可使皮肤组织受到温热的良性刺激，促使表皮血管扩张，活跃细胞的新陈代谢，改善皮肤组织的营养状况，还能有效调整气候变化给人带来的精神抑郁。

（2）阳光中紫外线的照射可使人体皮肤产生维生素 D，而维生素 D 是骨骼代谢中必不可少的物质，可以促进钙在肠道中的吸收，从而使摄入的钙更有效地吸收，有利于骨钙的沉积。由于紫外线照射还有脱敏作用，因此，患有过敏性鼻炎、风湿性关节炎和支气管哮喘的病人，在冬天常晒太阳可使病情缓解。

你知道吗

血液循环

人类血液循环是封闭式的，由体循环和肺循环两条途径构成双循环。血液由左心室射出经主动脉及其各级分支流到全身的毛细血管，与组织液进行物质交换，供给组织细胞氧和营养物质，运走二氧化碳和代谢产物，这一循环为体循环。血液由右心室射出经肺动脉流到肺毛细血管，在此与肺泡气进行气体交换，供给氧并排出二氧化碳，这一循环为肺循环。

（3）阳光中的紫外线还是一种"天然消毒剂"，它能杀死多种呼吸道传染病的病原体，如流感病毒、麻疹病毒、脑膜炎双球菌等，在室外阳光直射下会很快死亡。冬季是流感、流脑等呼吸道传染病的多发时节，提倡"三晒"（勤晒太阳、勤晒衣服、勤晒被褥），这对防病保健是十分有益的。

（4）晒太阳对增加人体皮肤和内脏器官的血液循环，提高造血功能大有裨益。特别是在防治儿童佝偻病和成人骨质疏松症方面，有特殊的疗效。

冬季晒太阳时应该注意以下几点：

（1）时间上，适宜的选择是上午 7～10 点和下午 4～6 点。上午这个时段的阳光温暖柔和，此时阳光中的红外线强，紫外线偏弱，是储备体内"阳光荷尔蒙"——维生素 D 的大好时间，同时还可以起到活血化瘀的作用。下午这个时间段紫外线中的 X 光束成分多，可以促进肠道对钙、磷的吸收，增强体质，促进骨骼正常钙化。其实，不管是哪个季节，在上午 10 点～下午 4 点，尤其是中午到下午 4 点这段时间，最忌长时间晒太阳，因为这个时段阳光中的紫外线最强，会对皮肤造成伤害。

广角镜

晒太阳时的注意事项

（1）晒太阳时最好穿红色服装，因为红色服装的辐射长波能迅速"吃"掉杀伤力很强的短波紫外线。

（2）晒太阳时要注意摘掉帽子和手套，尽量将皮肤暴露在外，让阳光与皮肤亲密接触。

（3）晒太阳若隔着玻璃窗，是达不到效果的。最好在户外，或宽敞的阳台上。

（2）从度量上讲，一般每天坚持晒太阳 30～60 分钟，即可平衡阴阳。

（3）着装上，冬季晒太阳时最好穿红色服装，次选白色服装，禁忌黑色。

总之，民间早有"冬阳贵如金""冬季晒太阳胜过吃补药"之说，所以，在冬天天气晴好的情况下，出去走走晒晒太阳是个不错的选择。

附　录

▶ 天气的谚语

早怕东南黑，晚怕北云推。

早晨地罩雾，尽管晒稻谷。

日落乌云涨，半夜听雨响。

久雨西风晴，久晴西风雨。

早上朵朵云，下午晒死人。

早晚烟扑地，苍天有雨意。

早霞不出门，晚霞行千里。

落雨落得慢，近日雨不散。

有雨天边亮，无雨顶上光。

处暑不下雨，干到白露底。

晚看西北黑，半夜看风雨。

日晕三更雨，月晕午时风。

南风不过午，过午连夜吼。

处暑落了雨，秋季雨水多。

处暑雷唱歌，阴雨天气多。

处暑一声雷，秋里大雨来。

蚊子聚堂中，来日雨盈盈。

久晴大雾必阴，久雨大雾必晴。

久雨必有久晴，久晴必有久雨。

八月十五云遮月，正月十五雪打灯。

早晨下雨当日晴，晚上下雨到天明。

一场秋雨一场寒，十场秋雨穿上棉。

东边日出西边雨，阵雨过后又天晴。

鸡早宿窝天必晴，鸡晚进笼天必雨。

风静天热人又闷，有风有雨不用问。

旱刮东南不下雨，涝刮东南不晴天。

水缸出汗蛤蟆叫，不久将有大雨到。

先雷后雨雨必小，先雨后雷雨必大。

先下牛毛没大雨，后下牛毛不晴天。

燕子低飞蛇过道，蚂蚁搬家山戴帽。

日落西山一点红，半夜起来搭雨篷。

早阴阴，晚阴晴，半夜阴天不到明。

四季东风四季晴，只怕东风起响声。

云行东，雨无终；云行西，雨凄凄。

南风暖，北风寒，东风潮湿西风干。

大暑小暑不是暑，立秋处暑正当暑。

处暑有雨十八江，处暑无雨干断江。

天上灰布云，下雨定连绵。（雨层云）

黑猪过河，大雨滂沱。（大块碎雨云）

云行北，好晒谷；云行南，大水漂起船。

天上鲤鱼斑，晒谷不用翻。（透光高积云）

馒头云，天气晴。（淡积云）

天上钩钩云，地上雨淋淋。（钩卷云）

天上扫帚云，三五日内雨淋淋。（密卷云）

火烧乌云盖，大雨来得快。（积雨云）

满天乱飞云，雨雪下不停。（恶劣天气下的碎雨云）

天上花花云，地上晒死人。（毛卷云）

炮台云，雨淋淋。（堡状高积云）

棉花云，雨快临。（絮状高积云）

鱼鳞天，不雨也风颠。（卷积云）

月亮生毛，大雨冲壕。（毛指晕或华）

十雾九晴。

夜星繁，大晴天。

冷得早，暖得早。

棉花云，雨快淋。

云交云，雨淋淋。

东北风，雨太公。

南风头，北风尾。

昼雾阴，夜雾晴。

瓦块云，晒死人。

一日南风，三日关门

东风下雨，西风晴。

一场春雨一场暖。

七月北风及时雨。

蚂蚁垒窝要下雨。

东虹日头西虹雨。

星星眨眼天要变。

蜘蛛结网天放晴。

重雾三日，必有大雨。

早看东南，晚看西北。

雨打五更，日晒水坑。

早上红云照，不是大风便是雹。

云自东北起，必定有风雨。

云从东南来，下雨不过晌。

西虹跨过天，有雨在眼前。

久雨冷风扫，天晴定可靠。

◨ 世界气象日主题

（每年的 3 月 23 日为世界气象日）

1961 年——气象

1962 年——气象对农业和粮食生产的贡献

1963 年——交通和气象（特别是气象应用于航空）

1964 年——气象——经济发展的一个因素

1965 年——国际气象合作

1966 年——世界天气监测网

1967 年——天气和水

1968 年——气象与农业

1969 年——气象服务的经济效益

1970 年——气象教育和训练

1971 年——气象与人类环境

1972 年——气象与人类环境

1973 年——气象国际合作 100 年

1974 年——气象与旅游

1975 年——气象与电讯

1976 年——气象与粮食

1977 年——天气与水

1978 年——未来气象与研究

1979 年——气象与能源

1980 年——人与气候变迁

1981 年——世界天气监测网

1982 年——空间气象观测

1983 年——气象观测员

1984 年——气象增加粮食生产

1985 年——气象与公众安全

1986 年——气候变迁，干旱和沙漠化

1987 年——气象与国际合作的典范

1988 年——气象与宣传媒介

1989 年——气象为航空服务

1990 年——气象和水文部门为减少自然灾害服务

1991 年——地球大气

1992 年——天气和气候为稳定发展服务

1993 年——气象与技术转让

1994 年——观测天气与气候

1995 年——公众与天气服务

1996 年——气象与体育服务

1997 年——天气与城市水问题

1998 年——天气、海洋与人类活动

1999 年——天气、气候与健康

2000 年——气象服务 50 年

2001 年——天气、气候和水的志愿者

2002 年——降低对天气和气候极端事件的脆弱性

2003 年——关注我们未来的气候

2004 年——信息时代的天气、气候和水

2005 年——天气、气候、水和可持续发展

2006 年——预防和减轻自然灾害

2007 年——极地气象：认识全球影响

2008 年——观测我们的星球，共创更美好的未来

2009 年——天气、气候和我们呼吸的空气

2010 年——世界气象组织——致力于人类安全和福祉的 60 年